Quadernet JavaScript 1: Desenvolupament Web a Entorn Client. 99 Pràctiques i Exercicis o Més.

Primera Impressió:

ISBN   978-0-244-46332-8

Editorial: LULU.COM
www.baldoweb.net

Aquest llibre està dedicat als meus companys d'estudis que amb la mateixa joventut continuen mostrant aquesta relació i amistat arrelada en la infància i en especial agraïment al poble d'Hostalric per aquests grats records de la infància, quan creuem l'arc del carrer Major per anar a l'escola vella, el col·legi Virge del Socors, en la seva nova ubicació a la falda del Castell amb noves instal·lacions i els seus grans patis. Les hores de jocs, recorreguts pels camins i l'entorn de la riera i la seva gran vegetació ("La Selva").

A totes aquestes novetats pedagògiques, que tracten de millorar l'evolució del aprenenta dels nostres alumnes i fills, però que no es podrien dur a terme sense els equips informàtics i les persones que es troben darrere preparant el seu funcionament. Sobretot recalcar que els docents ben formats i motivats són el pilar de formació de la nostra societat i el futur dels nostres alumnes.

I sobretot a la meva família, que amb el seu suport i il·lusió possibiliten desenvolupi millor la meva feina.

"Si penses que vals el que saps, estàs molt equivocat. Els teus coneixements d'avui no tenen molt valor més enllà d'un parell d'anys. El que vals és el que pots arribar a aprendre, la facilitat amb la qual t'adaptes als canvis que aquesta professió ens regala tan freqüentment"

José M. Aguilar

ÍNDEX

Exercici 1. Estructura bàsica HTML4

Exercici 2. Estructura bàsica HTML5

Exercici 3. Fer servir l'etiqueta <script>

Exercici 4. Formulari complet d'HTML5

```html
<html>
        <head>
        </head>
        <body>
                <nav id="principal">
                </nav>
                <nav id="menu">
                </nav>
                  <div id="articulo">
                        <article>
                        </article>
                  </div>
                        <aside id="anuncios">
                        </aside>
                        <div id="comentarios">
                            <nav id="comentariosnav">
                            </nav>
                            <nav id="comentariosnav">
                            </nav>
                        </div>
                <footer id="pie">
                </footer>
        </body>
</html>
```

Exercici 1. Estructura bàsica html

Estructura bàsica del disseny HTML anteriors a la versió HTML5.

```
<!DOCTYPE html>
<html lang="es">
<head>
    <meta charset="UTF-8">
    <title> Titulos Ejercicios - JS</title>
     <script>
     </script>
</head>
<body>
    <!-- <script>
    </script>-->
</body>
</html>
```

Exercici 2. Estructura bàsica HTML5

Estructures d'exemple comparatiu entre diferents versions HTML4 vs HTML5, es poden crear les següents estructures utilitzant identificadors id i class, combinant les classes amb CCS3 per crear els estils indicats. En HTML5 s'utilitzen les pròpies etiquetes que permeten crear les estructures. S'adjunten una comparativa i diferents disenys de pàgines web utilitzant la combinació de les etiquetes.

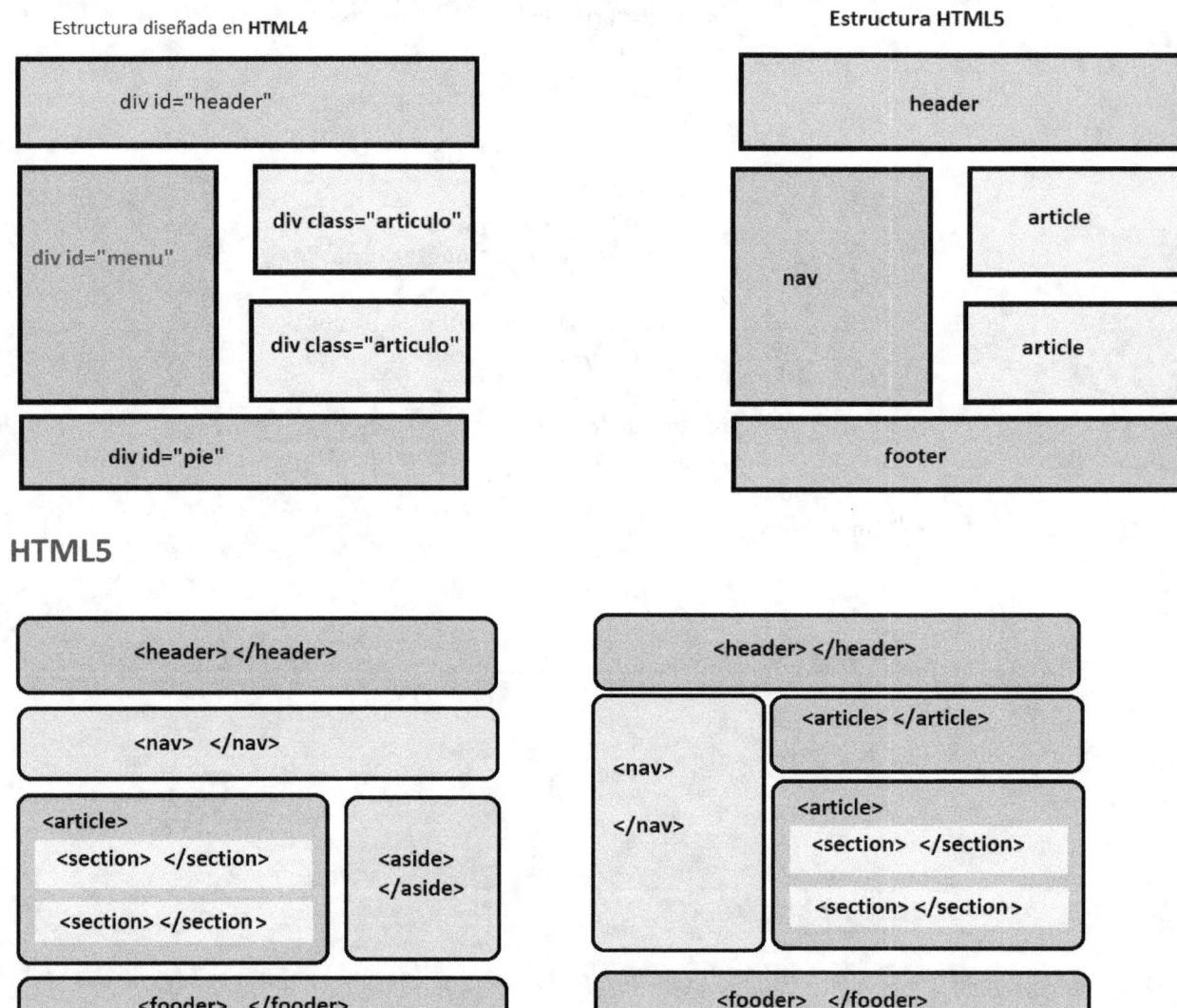

HTML5

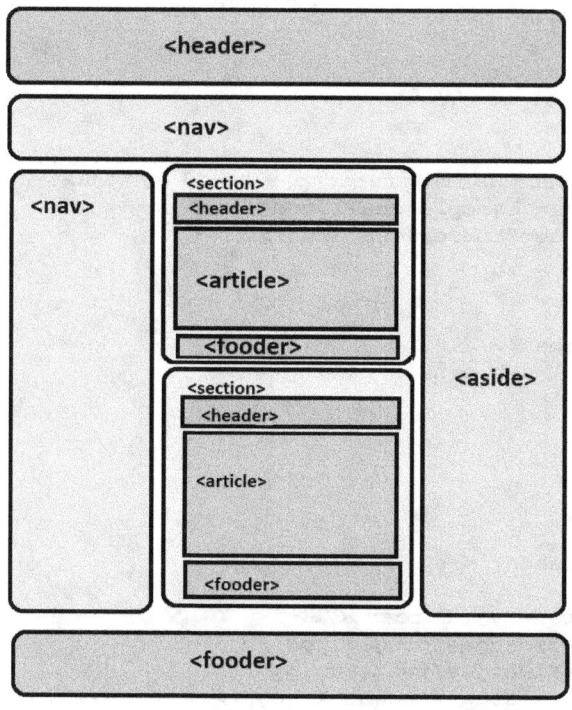

HTML5 destaca sobretot la simplicitat i la permissivitat:

- <!DOCTYPE html> Només s'acompanya de l'atribut HTML.
- <html lang=es>   Indicar el llenguatge de la pàgina i es pot adjuntar amb l'etiqueta HTML5.
- <meta charset="UTF-8" /> Codificació de caràcters, per reconèixer els accents i caràcters. especials.
- <script src="unscript.js"></script> Es simplifica la crida dels fitxers script externs.
- <link href="tuhojadeestilos.css" rel="stylesheet" /> amb la simplificació crida a fitxers estils externs.
- A les etiquetes només fa servir minúscules.
- Fes servir sempre cometes per als valors dels atributs.
- Tanca amb / les etiquetes amb una sola etiqueta d'obertura.
- Tanca els elements encara que la seva etiqueta sigui facultativa.
- Utilitza el sagnat perquè el codi sigui més llegible.

Els elements de l'estructura en HTML5:

- <header> s'utilitza per definir una zona de visualització per a les capçaleres. Pots definir capçaleres tant a nivell de pàgina com d'una zona determinada (un article, un menú, etc ...).
- <footer> per a tota la pàgina o utilitzar-lo en diferents seccions de la web com per exemple un sidebar o un article. A nivell de pàgina seria la típica zona a la part baixa de la web, on se solen incloure dades de contacte, enllaços, etc ...
- <nav> serveix per definir una zona de navegació amb vincles. El que vindria a ser un menú de tota la vida.
- <section> és agrupar elements relacionats entre si. D'aquesta manera, podràs per exemple, agrupar dins d'un mateix element un contingut amb el seu títol i el seu peu de pàgina.
- <article> serveix per definir un contingut autònom i independent, que pugui ser usat en una altra part de la web sense que per això perdi el seu significat. Ex .: notícies, Bloc o articles.
- <aside> és mostrar un contingut relacionat al contingut al qual està vinculat. Es pot tractar de sidebars, zones de widgets, complements sobre un article, etc.
- <div> Es segueixen utilitzant les divisions o caixes per poder utilitzar les parts del document, utilitzant els estils i els identificadors.

```
<<html>
    <head>
        <title> Ejercici 2 </title>
        <meta http-equiv="Content-Type" content="text/html; charset=UTF-8"/>
        <meta name="author" content="Baldomero Sánchez Pérez"/>
        <link rel="stylesheet" type="text/css" href="css/estilos.css">
    </head>
    <body>
        <nav id="Inici">
```

```html
            <a class="foro" href="#">Fòrum</a>
            <a class="foro" href="#">Sobre</a>
            <a class="foro" href="#">Contacte</a>
            <a class="foro" href="#">Anunciar es</a>
            <a class="foro" href="#">Arxiu/a>
            <form id="email">
                    <span id="subscripció"> Subscriure gratis per email </span>
                    <input type="email" value="ejemple@gmail.com"/>
                    <input type="submit" value="Subscriure ara"/>
            </form>
</nav>
<div id="amazon">
<img id="prime" src="imatges/amazon.jpg"/>
<p>/* El millor recurs per enriquir el teu estil */</p>
</div>
<nav id="menu">
        <a   href="#">Informació ↓</a>
        <a   href="#">CSS Bàsic ↓</a>
        <a   href="#">CSS Mitjà</a>
        <a   href="#">CSS Avançat</a>
        <a   href="#"> Recursos CSS i disseny </a>
        <div id="botons">
                <a class="informació" href="#"> Cercar </a>
                <img class="xarxes" src="imatges/google.jpg"/>
                <img class="xarxes" src="imatges/twitter.jpg"/>
                <img class="xarxes" src="imatges/facebook.jpg"/>
                <img class="xarxes" src="imatges/rss.jpg"/>
        </div>
</nav>
<div id="contingut">
    <div id="article">
        <article>
                <span> Portada → Recursos CSS - Exemples </span>
                <h1> Editor Sublim Text </h1>
                <p id="fecha">2 octubre  2018, Baldomero Sánchez Pérez</p>
                <img id="sublime" src="imatges/sublime.jpg"/>
                <p>Sublim Text és un editor de text i editor de codi font està
                escrit en C ++ i Python per als connectors.
                Desenvolupat originalment com una extensió de Vim, amb el temps va
                anar creant una identitat pròpia Es pot descarregar i avaluar de
                forma gratuïta.
                No obstant això no és programari lliure o de codi obert3 i s'ha
                d'obtenir una llicència per al seu ús continuat, encara que la
                versió d'avaluació és plenament funcional i no té data de
                caducitat.
                Actualment es troba en la versió nombre 3.</p>
        </article>
    </div>
        <aside id="anuncis">
                <img id="hosting" src="imatges/hosting.jpg"/><br><br>
                <button id="bGratis">Subcripció gratis</button>
                <button id="bEmail">Subcripció email</button><br>
                <button id="bRSS">Subcripció RSS</button><br>
                <button id="bTwitter">Subcripció Twitter</button><br>
                <button id="bFacebook">Subcripció Facebook</button>
        </aside>
</div>
<div id="comentaris">
        <nav id="comentarisnav">
                <a href="#">1 comentari</a>
                <a href="#">CSSBlog ES</a>
                <a href="#">Login:</a>
        </nav>
        <nav id="comentarisnav">
                <a href="#">--Recomanar</a>
                <a href="#">Compartir</a>
                <a href="#"> Ordenar pels millors :</a>
        </nav>
        <form>
                <img id="avatar" src="imatges/avatar.jpg"/>
                <input id="discusió" type="text" value=" Uneix-te a
                l'discussió..."/><hr>
        </form>
        <img id="avatar" src="imatges/avatar.jpg"/>
```

```
        <P> L'etiqueta va ser creada per ajudar-nos a ser encara més específics
        a l'hora de declarar el contingut del document. </P> <hr>
        <img id = "avatar" src = "imatges/avatar.jpg" />
        <span> Jenium. fa 203 anys </span>
        <p> L'etiqueta va ser creada per ajudar-nos a ser encara més específics
        a l'hora de declarar el contingut del document. </P> <hr>
        <Img id = "avatar" src = "imatges/avatar.jpg" />
        <span> Jean. fa 0 anys </span>
        <p> L'etiqueta va ser creada per ajudar-nos a ser encara més específics
        a l'hora de declarar el contingut del document. </p>

    </div>
    <footer id="pie">
        <button class="botonsPie">Uneix-te a l'discussió.email</button>
        <button class="botonsPie"> Subscriure gratis per RSS</button>
        <button class="botonsPie"> Subscriure gratis per Twitter</button>
        <button class="botonsPie"> Subscriure gratis per Facebook</button>
    </footer>
    </body>
</html>
```

Exercici 3. Fer servir l'etiqueta <script>

Tipus d'etiquetes utilitzades per a JavaScript:

    <script>   </script>

    <noscript> </noscript>

S'utilitzava antigament en HTML4 <! - <script> </ script> -> L'obtjetivo era que l'etiqueta <script> no era reconeguda per tots els navegadors, i aquells que no reconeixien l'etiqueta <! - permetia ignorar el contingut, ja que es reconeixia com a línies de comentari. En canvi, els navegadors que ho reconeixen, l'etiqueta <! -> <! -> és ignorada. Exemple utilitzat amb navegadors anteriors a IE9.

```
    <!--[if lt IE 9]>
      <script>
      </script>
      <noscript>
        <strong> ¡Advertiment!</strong>
        A causa de que el seu navegador no és compatible amb HTML5, alguns
        elements es simulen utilitzant JScript.
        Lamentablement, el seu navegador ha desactivat les seqüències d'ordres.
        D'habilitar per mostrar aquesta pàgina   </noscript>
    <![endif]-->
```

PAS 1: Atributs que utilitza l'etiqueta <script>

Taula 1. Taula extreta de https://developer.mozilla.org/es/docs/Web/HTML/Elemento/script

ATRIBUT	DESCRIPCIÓ
async (HTML5)	Estableix aquest atribut booleà per indicar al navegador, si és possible, executar el codi asincrónicamente. Això no afecta els scripts escrits dins de l'etiqueta (és a dir a aquells que no tenen l'atribut src).
integrity	Conté informació de metadades que és usada pel user agent del navegador per verificar el recurs captat va ser lliurat lliure de manipulació inesperada.
src	Aquest atribut especifica la URI del script extern; aquest pot ser usat com alternatiu a scripts encastats directament al document. Si l'script té l'atribut src, no hauria de tenir codi dins de l'etiqueta.
type	Aquest atribut identifica el llenguatge de scripting en què està escrit el codi embegut dins de l'etiqueta script, o referenciada utilitzant l'atribut src. Els valors possibles estan especificats com un MIME type (tipus MIME). Alguns exemples de tipus de fitxer que poden ser utilitzats són: `text/javascript` `text/ecmascript` `application/javascript` `application/ecmascript` Si l'atribut es troba absent, el valor per defecte serà un script JavaScript.

	Si el tipus MIME especificat no és un tipus JavaScript, el contingut encastat dins de l'etiqueta script és tractat com un bloc de dades que no serà processat pel navegador. Si el tipus especificat és module, el codi és tractat com un mòdul JavaScript. Nota: a Firefox pots utilitzar característiques avançades com ara let statements i altres característiques de l'última versió de JS, usant type = application/javascript; version = 1.8. Vés amb compte !, això no és una característica estàndard, és a dir, probablement generi conflictes amb altres navegadors, en particular aquells basats en Chromium.
text	Aquest atribut actua com l'atribut *textContent*, estableix el text contingut de l'element. Però a diferència d'textContent, aquest atribut s'avalua com executable després de ser inserit com a node en el DOM.
language	Aquest atribut actua com l'atribut type, identifica el tipus de llenguatge que s'utilitza. A diferència de l'atribut *type*, els possibles valors d'aquest atribut mai van ser estandarditzats. L'atribut type ha de ser utilitzat en lloc de language.
defer	Aquest atribut estableix si l'script ha de ser executat després que el document sencer sigui analitzat. Atès que aquesta funció encara no va ser implementada per tots els navegadors rellevants, els autors no haurien d'assumir que l'script realment serà executat després de la càrrega i analisi del document. Des Gecko 1.9.2 l'atribut Defer és ignorat en els scripts que no tenen l'atribut src. No obstant això, en Gecko 1.9.1 fins i tot es difereixen els scripts escrits dins de l'etiqueta.
crossorigin	Elements normals script passen informació mínima a l' **window.onerror** per guions que no passen les revisions de l'estàndard CORS. Per permetre registrar errors en els llocs que usen dominis separats per recursos estàtics, usar aquest atribut.

PAS 2: On pot escriure el codi JavaScript

a) Dins de les pròpies etiquetes HTML, en els atributs.
```
<button onclick="getElementById('prova').innerHTML = Date()">La data Actual
</button>
```

b) Dins de l'etiqueta <script>
```
<script>
        document.write("Escrivint des de JavaScript ");
        console.log("Estic a la consola del navegador ");
</script>
```

c) Fitxer extern .js que és cridat des de la etiqueta <script> des del atribut src = " nom_fitxer.js"
```
<!-- HTML4 y (x)HTML -->
<script  " src="javascript.js"></script>

<!-- HTML5 -->
<script src="javascript.js"></script>
```

Exercici 4. Formulari complet d'HTML5

```
<!DOCTYPE html>
<html language="ca">
<head>
    <meta charset="utf-8" />
    <title>Exemple nous controls</title>
</head>
<body>
    <form action="." oninput="range_control_value.value =
    range_control.valueAsNumber">
        <p> Nom: <input type="text" name="name_control" autofocus required />
        <br />
        Correu Electrònic: <input type="email" name="email_control" required />
        <br />
        URL: <input type="url" name="url_control" placeholder=" Escriu la URL
        de la teva pàgina web personal" />
        <br />
        Data: <input type="date" name="date_control" />
        <br />
        Temps: <input type="time" name="time_control" />
        <br />
```

```
            Data i hora de naixement: <input type="datetime"
            name="datetime_control" />
            <br />
            Mes: <input type="month" name="month_control" />
            <br />
            Setmana: <input type="week" name="week_control" />
            <br />
            Número (min -10, max 10): <input type="number" name="number_control"
            min="-10" max="10" value="0" />
            <br />
            Interval (min 0, max 10): <input type="range" name="range_control"
            min="0" max="10" value="0" /> <output for="range_control"
            name="range_control_value" >0</output>
            <br />
            Telèfon: <input type="tel" name="tel_control" />
            <br />
            Terme de cerca: <input type="search" name="search_control" />
            <br />
            Color Favorit: <input type="color" name="color_control" />
            <br />
            <input type="submit" value="Submit!" />
            </p>
        </form>
</body>
</html>
```

RESULTAT:

Nom: [   ]

Correu Electrònic: [   ]

URL: [Escriu la URL de la teva pàg]

Data: [dd / mm / aaaa]

Temps: [-- : --]

Data i hora de naixement: [   ]

Mes: [---------- de ----]

Setmana: [Semana --, ----]

Número (min -10, max 10): [0]

Interval (min 0, max 10): [≡----------]   0

Telèfon: [   ]

Terme de cerca: [   ]

Color Favorit: [████]

[Submit!]

UNITAT DE TREBALL 2

Introducció:
Exercici 1: Veure l'assignació amb HOISTING
Exercici 2: Conversions de tipus.
Exercici 3: Veure conversions de tipus en l'Objecte document.
Exercici 4: Realitzar conversions amb parseInt ().
Exercici 5: Definir una variable global reassignar un nou tipus primitiu o objecte.
Exercici 6: Definir variables en blocs i en funcions comprovant el seu abast
Exercici 7: Condicions múltiples
Exercici 8: Assignar i recórrer un Array () Associatiu.
Exercici 9: Visualitzar diferents tipus de dades.
Exercici 10: Definir i visualitzar el contingut d'un array Associatiu.
Exercici 11: Accés a Arrays Associatius, creant paraules aleatòries.
Exercici 12: Definició d'un array, assignar dades, objectes.
Exercici 13: Definir un objecte Date ().
Exercici 14: Definir un Array i un objecte Date ().
Exercici 15: Crear una finestra a partir d'una altra.
Pràctica 1. Programa que suma dos nombres.
Pràctica 2. Bucle que repeteix una cadena n vegades.
Pràctica 3. Llegeix PROMPT i visualitza en el document.
Pràctica 4. Un nombre és divisible per 2
Pràctica 5. Comptar les vocals d'una Frase.
Pràctica 6. Nombre és divisible per 2,3,5,7.
Pràctica 7. Visualitzar els divisors d'un nombre.
Pràctica 8. Veure divisors comuns de dos nombres.
Pràctica 9. Veure si un nombre és primer o no.
Pràctica 10. Convertir Graus Celsius a Ferenheit.
Pràctica 11. Obtenir el major i menor de tres nombres.
Pràctica 12. Trobar el mínim comú divisor d'un nombre m.c.d. (a, b).

Introducció:

Els tipus de dades primitius són sis més els objectes:
- **Tipus Boolean:** Boolean representa una entitat lògica, dos valors: true, i false.
- **Tipus Null:** té exactament un valor: null.
- **Tipus Undefined:** Una variable a la qual no se li hagi assignat valor té llavors el valor undefined.
- **Tipus Number:** D'acord a l'estàndard ECMAScript, només hi ha un tipus numèric: el valor de doble precisió de 64 bits IEEE 754 (un nombre entre - (253 -1) i 253 -1). No existeix un tipus específic per als nombres enters. Addicionalment a ser capaç de representar nombres de coma flotant, el tipus número té tres valors simbòlics: + Infinity, -Infinity, and NaN (Not A Number o No És Un Nombre). Per a comprovar valors majors o menors que +/- Infinity, pots fer servir les constants Number.MAX_VALUE o Number.MIN_VALUE.
- **Tipus String:** de Javascript és usat per a representar dades textuals o cadenes de caràcters. És un conjunt de "elements", de valors sencers sense signe de 16 bits. Cada element ocupa una posició en el String. El primer element està en l'índex 0, el proper està en l'índex 1, i així successivament. La longitud d'un String és el nombre d'elements en ella.
- **Tipus Symbol:** introduït en la versió ECMAScript Edition 6. Un Symbol és un valor primitiu únic i immutable i pot ser usat com la clau d'una propietat d'un Object. Es poden comparar amb enumeracions de noms (enum) en C. n JavaScript.
- **OBJECTES.**

En la ciència de la computació un objecte és un valor en memòria al qual és possible referir-se mitjançant un identificador.
- Objectes "Normals" i funcions
- Dates.
- Col·leccions Indexades: Arrays i Arrays tipats.
- Keyed collections: Maps, Sets, WeakMaps, WeakSets.

Exercici 1: Veure l'assignació amb HOISTING

Primer es fa servir la variable i després es defineix el tipus de variable ("assignant un espai en memòria"). Sinó es defineix dóna error. Hoisting és primer el seu usa i després defineix.

```
<script>
        console.log(a===undefined);
        var a;
</script>
```

RESULTAT

true

Exercici 2: Conversions de tipus.

Assignar el valors a variables, numèriques, cadena, float i script float. Es realitza la suma i la concatenació de diferents variables, es realitza conversions de Enters **parseInt().**

```
a=4;
b="bon dia";
c=3.14;
d="2.8182";
console.log(a+b);
console.log(a+b+c);
console.log(a+c);
console.log(parseInt(a+b));
console.log(a+parseInt(b));
console.log(parseInt(c));
console.log(parseInt(a+c));
console.log(parseInt(a+c+d));
console.log(parseInt(a+c+parseInt(d)));
```

RESULTAT
```
"4bon dia"
"4bon dia3.14"
7.140000000000001
4
NaN
3
7
7
9
```

Exercici 3: Veure conversions de tipus en l'Objecte document.

Es realitza el exemple003 i la visualització es realitza en l'objecte document, el resultat varia respecte a la visualització a la consola. Es realitza la concatenació de "<HTML>" d'etiquetes d'HTML.

```
a=4;
b="bon dia";
c=3.14;
d="2.8182";
```

RESULTAT
4bon dia
4bon dia3.147.1400000000000014NaN3779

```
document.write(a+b+"<br>");
document.write(a+b+c);
document.write(a+c);
document.write(parseInt(a+b));
document.write(a+parseInt(b));
document.write(parseInt(c));
document.write(parseInt(a+c));
document.write(parseInt(a+c+d));
document.write(parseInt(a+c+parseInt(d)));
```

Exercici 4: realitzar Conversions amb parseInt ()

Es realitza una modificació respecte a l'exemple anterior, amb la concatenació **<h1>** i **
**. I la concatenació de diferents variables de cadena amb les variables parseInt (d).

```
a=4;
b="bon dia";
c=3.14;
d="2.8182";
document.write("<h1>"+a+b+"</h1> <b
document.write(a+b+c);
document.write(a+c);
document.write(parseInt(a+b));
document.write(a+parseInt(b));
document.write(parseInt(c));
document.write(parseInt(a+c));
document.write(parseInt(a+c+d));
document.write(parseInt(a+c+parseInt(d)));
```

RESULTAT

4bon dia

4bon dia3.147.1400000000000014NaN3779

Exercici 5: Definir una variable global reassignar un nou tipus primitiu o objecte

Es defineix una variable com global i numèrica **a**, a aquesta variable se li canvia el tipus de dades, canviant a un objecte tipus date, després es reassigna a una un tipus de dades Objecte Array, es torna assignar la variable com tipus String, es torna a reassignar de nou a la variable **a** com Array i s'assigna els valors inicials dins el 0array. Després es torna a fer una assignació, certs elements de l'array no es troben assignats, es objserva com hi ha un array dins d'un altre array. Aquestes assignacions és típic per ser.

```
var a=12;
console.log(a);
a=new Date();
console.log(a);
a=new Array();
console.log(a);
a="torno a ser cadena";
console.log(a);
a=[1,2,,4];
console.log(a);
a=[,,"hola",5,,[2,3,4],,,,23];
console.log(a);
a=[,,"hola",5,,{"id":5,"nom":"Juan"},,,,23];
console.log(a);
```

RESULTAT
```
12
[object Date] { ... }
[]
"torno a ser cadena"
[1, 2, undefined, 4]
[undefined, undefined, "hola", 5, undefined, [2, 3, 4], undefined,
undefined, undefined, 23]
[undefined, undefined, "hola", 5, undefined, [object Object] {
  id: 5,
  nom: "Juan"
}, undefined, undefined, undefined, 23]
```

Exercici 6: Definir les variables en blocs i en funcions comprovant el seu abast

Exemple
```
{
    let x=99
}
console.log(x);
```

RESULTAT
Reference Error: x is not defined

Exemple
```
{
    var   x=965
}
console.log(x);     // aquesta variable està definida com global
```

RESULTAT
965

Exemple
```
(function () {
    var x = 999;
}) ();
```

RESULTAT
Uncaught ReferenceError: x is not defined
at ejemplo012.html:5

```
console.log(x);
//        La variable x no es troba definida
```

Exemple

```
function muestraMensaje() {
    mensaje = "Missatge de prova"; //defineix de nou el valor de la variable missatge
    alert(mio);                      // Visualitza el valor de la variable global mio
    if (mio != undefined){    // Si la variable està definida llavors visualitza mio
            alert (mio);
     } else {    // si la variable mio no està definida visualitza "no existeix mio"
            alert("no existeix mio");
    }
}

var num = 5;              // definició num = 5 com a variable NUMERIC global
var mensaje = "hola";     // definició de la variable Missatge com a STRING
let mio="333";            // definició local de la variable mio
alert(mio);               // visualitza el contingut de la variable mio
muestraMensaje();         //  Crida a la funció muestraMensaje ()
alert(mensaje);           //  Visualitza el contingut del missatge
if ( num == 5 ){          // Si la variable num és igual 5
    let num=67;           // s'assigna una nova variable num amb el valor 67,
    let mensaje="prueba"+num; /*  la variable missatge local al bloc i realitza la
        concatenació de "prova" amb la variable num, resultat és una cadena */
    alert(mensaje);//visualitza el contingut de la variable missatge a nivell local
}
alert(mensaje+num);       /*  visualitza el resultat de la concatenació de missatge
        més la concatenació amb la variable num global */
```

RESULTAT

Aquesta pàgina diu

333

D'acord

Aquesta pàgina diu

333

D'acord

Aquesta pàgina diu

333

D'acord

Aquesta pàgina diu

Missatge de prova

D'acord

Aquesta pàgina diu

prueba67

D'acord

Aquesta pàgina diu

Missatge de prova5

D'acord

Exercici 7: Condicions múltiples

Condició múltiple, en funció del valor d'una variable, utilitzant la sentència switch.

```
var edad=10;
switch (edad){
        case 10: case 15: case 20:{
            console.log("10 a 20");
            break;
        }
        case 25: {
            console.log("25");
            break;
        }
        default: {
            console.log(" major ");
            break;
        }
}
```

RESULTAT
"10 a 20"

Exercici 8: Assignar i recórrer un Array () Associatiu.

Es defineix una matriu, s'assignen valors als índexs de l'array de forma aleatòria. Es realitza el recorregut de l'array primer per índex, utilitzant un bucle for que recorre tots els elements de l'array **(dada in a)**, l'array a es va recorrent des del primer element fins a l'últim, assignat cada valor de l'índex a la variable dada , que es troba definida en el **for (dada in a)**. El bucle **for (dada of a)**, recorre l'array a llegint els elements d'array a s'assignen un a un a la variable dada.

```
var a=new Array();
a[11]="A";
a[1]="B";
a[2]="C";
a[3]="D";
a[5]="E";
a[100]="F";
for ( dada in a ){
    console.log(dada);
}
for ( dada of a ){
  if (dada != undefined){
      console.log(dada);
  }
}
```

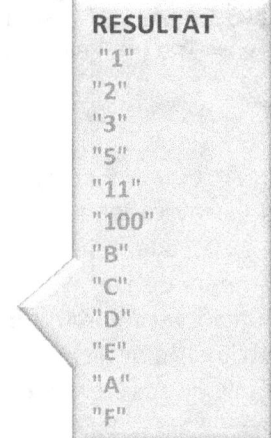

RESULTAT
"1"
"2"
"3"
"5"
"11"
"100"
"B"
"C"
"D"
"E"
"A"
"F"

Exercici 9: Visualitzar diferents tipus de dades

Es defineixes diverses variables, variables en ordre de l'alfabet, s'assigna diferents tipus de dades, es visualitzen el tipus de dades que té assignada cada variable.

```
var a=new Array();
var b="dada", c=true, d=new Date(),e=5,f=23.3434;

console.log(typeof a);
console.log(typeof b);
console.log(typeof c);
console.log(typeof d);
console.log(typeof e);
console.log(typeof f);
(typeof a == "object") ? console.log("és un objecte"):console.log("és exactament un objecte");
(typeof a === "object") ? console.log("és exactament un objecte"):console.log("no és exactament un objecte");
(typeof a == typeof d) ? console.log("és exactament un objecte"):console.log("no és exactament un objecte");
(typeof e === typeof f) ? console.log("és exactament un objecte"):console.log("no és exactament un objecte");
```

RESULTAT:

"object"
"string"
"boolean"
"object"
"number"
"number"
"és un objecte"
"és exactament un objecte "
"és exactament un objecte "
"és exactament un objecte "

Exercici 10: Definir i visualitzar el contingut d'un array Associatiu.

Es defineix una matriu, s'assigna índex associatiu (Array Associatiu), amb paraules i cada paraula se li assigna un valor numèric. Es recorre l'array associatiu mitjançant un for que assigna cada element a cadena, la variable dada, es visualitza la dada passat i la cadena que ocupa l'índex associatiu amb el valor numèric.

```
var cadena=new Array();
```

```
cadena.hola=1;
cadena.que=2;
cadena.tal=3;
cadena['estas']=4;
//  visualitzar els valors
for (var dato   in   cadena){
   console.log(dato);
   console.log(cadena[dato]);
};
console.log(cadena.length);
for (i=0;i<cadena.length;i++){
   console.log(cadena[i]);
}
```

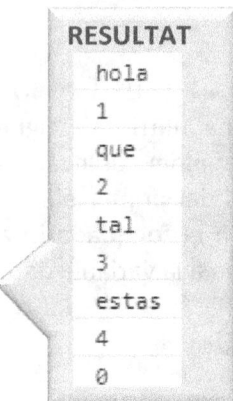

Exercici 11: Accés a Arrays Associatius, creant paraules aleatòries

Es defineix l'array cadena, l'accés o índex és per mediació de paraules o array associatiu, es defineix de dues maneres ex .: **cadena.hola, cadena ['aquestes']**. Es crea un bucle for en el cos per poer visualitzar els primers 10 elements de l'array, que va visualitzar un nombre de forma aleatòria entre 1 i 4, per cada valor s'invoca a la funció **verValor (num)**, es recorre l'array de àmbit global, i es visualitzar el valor que té cada posició a la matriu el valor aleatori, i s'extreu l'índex associatiu com a valor de combinació de paraules que són les assignades a l'índex associatiu del Array ().

```
var cadena=new Array();
cadena.hola=1;
cadena.que=2;
cadena.tal=3;
cadena['estas']=4;
//  visualitzar els valors
function verValor(num){
   for (var dato   in   cadena){
      if (num == cadena[dato]){
            console.log(dato);
            document.write(dato+" ");
      }
   };
}

for (i=1;i<11;i++){
   numero= Math.trunc((Math.random()*4)+1);
   // console.log(numero);
   verValor(numero);
}
```

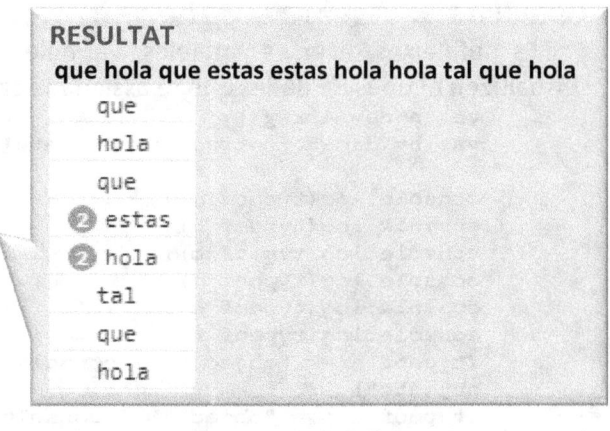

Exercici 12: Definició d'un array, assignar dades, objectes.

Es defineix una variable tipus Array (), es visualitza el seu contingut, és buit no s'ha assignat res [].

S'assigna al Array **a** valors de tipus de dades diferents (string, number, bolean, ...) en posicions alternatives, s'assignen objectes tipus prototype, en posicions aleatòries de fallida. Es comprova que les posicions de l'array buides, a l'visualitzar-se en la consola undefined.

a) **Visualització en la consola.**
```
var a= new Array();
console.log(a);
a=[,,"hola",5,,[2,3,4],,,,23];
console.log(a);
a=[,,"hola",5,,{"id":5,"nom":"Juan"},,,,23];
console.log(a);
a=[,,"hola",5,,{"id":5,"nom":"Juan","mesDades":{"esports":"cap","cotxe":"AUDI","Ingle
s":"alt"},"edat":25},,,,23];
console.log(a);
```

RESULTAT
```
[]
[undefined, undefined, "hola", 5, undefined, [2, 3, 4], undefined, undefined, undefined, 23]
[undefined, undefined, "hola", 5, undefined, [object Object] {
  id: 5,
```

      nom: "Juan"
    }, **undefined, undefined, undefined,** 23]
    [**undefined, undefined,** "hola", 5, **undefined, [object Object]** {
      edat: 25,
      id: 5,
      mesDades: [object Object] {
        cotxe: "AUDI",
        esports: "cap",
        Ingles: "alt"
      },
      nom: "Juan"
    }, **undefined, undefined, undefined,** 23]

b) Mostrar en la consola i en l'objecte document.

```
var a= new Array();
console.log(a);
a=[,,"hola",5,,[2,3,4],,,,23];
console.log(a);
a=[,,"hola",5,,{"id":5,"nom":"Juan"},,,,23];
console.log(a);
a = [,, "hola", 5,, {"id": 5, "nom": "Joan", "masDades": {"Deports": "ningú",
"cotxe": "AUDI", "Ingles ":" alt "}," edat ": 25},,,, 23];
document.write(a);
```

RESULTAT

> []
> [**undefined, undefined,** "hola", 5, **undefined,** [2, 3, 4], **undefined, undefined, undefined,** 23]
> [**undefined, undefined,** "hola", 5, **undefined, [object Object]** {
>   **id:** 5,
>   **nombre:** "Juan"
> }, **undefined, undefined, undefined,** 23]

Exercici 13: Definir un objecte Date()

Es defineix una variable com un objecte tipus **data (Date ())**. L'objecte Date només es visualitza com object Dóna't a la consola, i el mètode **a.getDay ()** visualitza el dia de la setr

```
var a= new Date();
console.log(a);
console.log(a.getDay());
```

> **RESULTAT**
>
> [object Date] { ... }
> 5

Exercici 14: Definir un Array i un objecte Date

L'exemple 8, es canvia la visualització a l'objecte document i es canvia la informació que es visualitza.

```
var a= new Array();
a[3]="hola";
a[1]=3;
a[25]=new Date();
console.log(a);
console.log(a[25].getDay());
document.write(a);
document.write(a[25].getDay());
```

RESULTAT

[**undefined,** 3, **undefined,** "hola", **undefined, undefined, undefined, undefined, undefined, undefined,
undefined, undefined, undefined, undefined, undefined, undefined, undefined, undefined, undefined,
undefined, undefined, undefined, undefined, undefined, undefined, [object Date] { ... }]**
5

Exercici 15: Crear una finestra a partir d'una altra

Es crear una finestra principal, a partir d'ella es crear un enllaç sobre el propi document, en una funció, que s'invoca sobre l'esdeveniment onclick, al botó <INPUT>. La funció injecta codi HTML sobre l'obertura d'una nova finestra.

```
<html>
<head>
<title> Exemple de creació de finestra </title>
    <script language="JavaScript">
     function AbrirVentana() {
            ventana=open("","nueva","toolbar=no,directories=no,menubar=no,width=480,height=
            580");
            ventana.document.write("<HEAD><TITLE> Nova finestra </TITLE></HEAD><BODY>");
            ventana.document.write("<FONT SIZE=4 COLOR=red> Nova finestra </FONT><BR>
            <BR><BR>");
            ventana.document.write("<FORM><INPUT TYPE='button' VALUE='Cerrar'
            onClick='self.close()'></FORM>");
     }
</script>
</head>
<body>
    <form>
    <input type="button" value="Obrir una finestra" onClick="AbrirVentana();">
    <br />
    </form>
</body>
</html>
```

Pràctica 1. Programa que suma dos nombres

Escriu un programa que sumi 2 nombres, llegits per teclat, han de ser nombres no cadenes.

```
<!DOCTYPE html>
<html lang="ca">
<head>
    <meta charset="UTF-8">
    <title>Pràctica   1- JS</title>
     <script>
            var n1 = parseInt(prompt("Introdueix un nombre: "));
            var n2 = parseInt(prompt("Introdueix un altre número: "));
            var result = n1 + n2;
            document.write("La suma "+n1+" + "+n2+" = "+result);
    </script>
</head>
<body>
    <!-- <script>
    </script> -->
</body>
</html>
```

> NOTA: Es poden obrir més d'una etiqueta en el fitxer HTML, en les diferents.

Pràctica 2. Bucle que repeteix una cadena n vegades

Escriu un programa que digui "Hola món", 5 vegades, amb un bucle i un comptador.

La funció HolaMon (), en la càrrega seqüència passa a memòria RAM, però només s'executa quan és anomenada amb el nom de la funció a la part inferior

```
<!DOCTYPE html>
<html lang="ca">
<head>
    <meta charset="UTF-8">
    <title>Pràctica   2 - JS</title>
     <script>
            function holaMon(){ //  Definició de funció
                for (i = 1; i <= 5 ;i++) {     //  Definició de bucle for
                        document.write("Hola món <br />");
                }
            }
            holaMon();  //  Crida a la funció holaMon()
```

```
        </script>
    </head>
    <body>
        <!-- <script>
        </script>-->
    </body>
    </html>
```

Pràctica 3. Llegeix PROMPT i visualitza en el document

Està pàgina sol·licita el nom de l'usuari i posteriorment ho saludi, si la cadena està buida, ens retorna un error "Nom no valgut o aquesta buit", en cas d'introduir el nom d'una persona es visualitza un missatge de benvinguda.

```
<!DOCTYPE html>
<html lang="ca">
<head>
    <meta charset="UTF-8">
    <title>Pràctica 3- JS</title>
     <script>
            var nombre = prompt("Introdueix el teu nom");
            if (nombre != "") {
                    document.write("bon dia "+nombre);
            }else {
                    document.write("Nom no valgut o aquesta buit");
            }
    </script>
</head>
<body>
    <!-- <script>
    </script>-->
</body>
</html>
```

Pràctica 4. Un nombre és divisible per 2

Escriu un programa realitza una petició d'un nombre i ens informa si és el nombre és divisible per 2.

```
<!DOCTYPE html>
<html lang="ca">
<head>
    <meta charset="UTF-8">
    <title>Pràctica  4 - JS</title>
     <script>
      var n1 = prompt("Introdueix un nombre");
      if(n1 != "") {
            if (n1 % 2 == 0 ) {
                    document.write(n1+ " és divisible per 2");
            }else {
                    document.write("Nombre no divisible per 2");
            }
      }else{
            document.write("Nombre no valgut o aquesta buit");
      }
    </script>
</head>
<body>
    <!-- <script>
    </script>-->
</body>
</html>
```

Pràctica 5. Comptar les vocals d'una Frase

S'escriu dins de l'etiqueta <script> es demani una frase i escrigui les vocals que apareixen a la frase.

```html
<!DOCTYPE html>
<html lang="ca">
<head>
    <meta charset="UTF-8">
    <title>Pràctica  5 - JS</title>
     <script>
            function extraerVocales(str){
                for (i = 0; i < str.length; i++){
                    if ((str.charAt(i) == "a") || (str.charAt(i) == "A") ||
                        (str.charAt(i) == "e") || (str.charAt(i) == "E") ||
                        (str.charAt(i) == "i") || (str.charAt(i) == "I") ||
                        (str.charAt(i) == "o") || (str.charAt(i) == "O") ||
                        (str.charAt(i) == "u") || (str.charAt(i) == "U")) {
                        document.write(str.charAt(i));
                    }
                }
            }
            var frase = prompt("Introduce una frase: ");
            extraerVocales(frase);
    </script>
</head>
<body>
</body>
</html>
```

Pràctica 6. Nombre és divisible per 2,3,5,7.

Es realitza dins de l'etiqueta <scrip> el codi que demani un número des teclat amb un prompt i ens digui si és divisible per 2, 3, 5 o 7 (només cal comprovar si ho és per un dels quatre divisors).

```html
<!DOCTYPE html>
<html lang="ca">
<head>
    <meta charset="UTF-8">
    <title>Pràctica 6 - JS</title>
     <script>
            var n1 = parseInt(prompt ("Introdueix un nombre: "));
            if (n1 != "") {
                if ( n1 % 2 == 0) {
                    document.write(n1+" és divisible per 2 <br />");
                }
                if ( n1 % 3 == 0) {
                    document.write(n1+" és divisible per 3 <br />");
                }
                if ( n1 % 5 == 0) {
                    document.write(n1+" és divisible per 5 <br />");
                }
                if ( n1 % 7 == 0) {
                    document.write(n1+"  és divisible per 7 <br />");
                }
            } else {
                document.write("Nombre no valgut o aquesta buit ");
            }
    </script>
</head>
<body>
</body>
</html>
```

Pràctica 7. Visualitzar els divisors d'un nombre.

Escriure un programa que escrigui en pantalla els divisors d'un nombre donat.

```
<!DOCTYPE html>
<html lang="ca">
<head>
    <meta charset="UTF-8">
    <title>Pràctica 7 - JS</title>
    <script>
            var n1 = parseInt(prompt ("Introdueix un nombre: "));
            for (i=1; i <= n1 ; i++){
                 if (n1 % i == 0){
                        document.write(i+"<br />");
                 }
            }
    </script>
</head>
<body>
</body>
</html>
```

Pràctica 8. Veure divisors comuns de dos nombres

Escriure un programa que escrigui en pantalla els divisors comuns de dos nombres donats

```
<!DOCTYPE html>
<html lang="ca">
<head>
    <meta charset="UTF-8">
    <title>Pràctica 8 - JS</title>
     <script>
            var n1 = parseInt(prompt ("Introdueix un nombre:"));
            var n2 = parseInt(prompt ("Introdueix un altre número:"));
            for (i=1; i <= n1 ; i++){
                 if (n1 % i == 0){
                        document.write(i+"<br />");
                 }
            }
    </script>
</head>
<body>
    <!-- <script>
    </script>-->
</body>
</html>
```

Pràctica 9. Veure si un nombre és primer o no.

Escriure un programa que ens digui si un nombre donat és primer (no és divisible per cap altre nombre que no sigui ell mateix o la unitat).

```
var numero = prompt("Introdueix un nombre: ");
var  contador = 0;
for(let i=0;i<=numero;i++){
        if(numero%i==0){
               document.write(i+ " ");
               contador++;
        }
}
if (contador == 2){
       document.write("Si, és primer ");
}else{
    document.write("No, és primer");
```

```
}
```

RESULTAT:

1 3 43 129 3541 10623 152263 No, és primer

Pràctica 10. Convertir Graus Celsius a Fahrenheit

Escriu un programa que converteixi la temperatura de Celsius a Farenheit i viceversa.

```javascript
var celsius = parseFloat(prompt("Introdueix els graus celsius: "));
var faren=(celsius *9/5)+32;

document.write("Graus Celsius a Fahrenheit: "+faren);

var faren2=parseFloat(prompt("Introdueix els graus Fahrenheit: "));
var celsius2=(faren2-32)*5/9;

document.write("<br>Graus Farenheit a Celsius: "+celsius2);
```

RESULTAT:

Graus Celsius a Fahrenheit: 83.3
Graus Farenheit a Celsius: 137.77777777777777

Pràctica 11. Obtenir el major i menor de tres nombres.

Escriu un programa que demani 3 nombres i escriviu a la pantalla el més gran dels tres i el menor i ens doni la seva posició (primer, segon, tercer) segons l'ordre de lectura.

```javascript
var numeros = new Array();
var menor=0;
var mayor=0;
var posicionMenor=0;
var posicionMayor=0;

for(let i=0;i<3;i++){
        var numero= parseInt(prompt("Introdueix un nombre"));
        numeros.push(numero);
        menor=numeros[i];
        mayor=numeros[i];
}

for(let i=0;i < numeros.length;i++){

        if(numeros[i] <= menor ){
                menor=numeros[i];
                posicionMenor=i+1;
        }else{
                if(numeros[i] >= mayor){
                        mayor=numeros[i];
                        posicionMayor=i+1;
                }
        }
}
document.write("El nombre menor és: "+menor+" i la seva posició és: "+posicionMenor);
```

```
document.write("<br>El nombre més gran és: "+mayor+" i la seva posició és:
  "+posicionMayor);
```
RESULTAT:

Aquesta pàgina diu

Introdueix un nombre

5

D'acord   Cancel·la

Aquesta pàgina diu

Introdueix un nombre

45

D'acord   Cancel·la

Aquesta pàgina diu

Introdueix un nombre

3

D'acord   Cancel·la

El nombre menor és: 3 i la seva posició és: 3
El nombre més gran és: 45 i la seva posició és: 2

Pràctica 12. Trobar el mínim comú divisor d'un nombre m.c.d. (a, b)

Màxim Comú Divisor, s'utilitza l'algorisme d'Euclides.

Es defineixen 2 variables n1, n2. Es llegeix dos valors numèrics per teclat, es crida a la funció mcdNumero (a, b) se li passen els valors dels dos nombres n1, n2.

S'analitza la condició si el nombre a és diferent del nombre b. Si és i el nombre a és més gran que el nombre b el nombre b és igual al nombre a menys el nombre b. Sinó el nombre b és igual al nombre b almenys el nombre a. Es realitza el bucle mentre que el nombre a es diferent del nombre b.

Un cop acabat el bucle el resultat serà el màxim comú divisor s'expressa en el valor que conté el nombre a.

```
function mcdNumero(a,b){
        while (a!=b){
                if  (a>b){    a=a-b;
                }else{ b=b-a;}
        }
    console.log("m.c.d.: "+a);
}
var   n1=parseInt(prompt("dóna'm el primer número "));
var   n2=parseInt(prompt("dóna'm el segon número"));
mcdNumero(n1,n2);
```

RESULTAT:

Esta página dice

Dame el primer numero

1028

Aceptar   Cancelar

Esta página dice

Dame el segundo numero

2048

Aceptar   Cancelar

m.c.d.: 4

UNITAT DE TREBALL 3

PRÀCTICA 1: Finestra amb un missatge Hola.

PRÀCTICA 2: Obrir i tancar finestres, en diferents script.

PRÀCTICA 3: Comprovar l'àmbit local de les variables en una funció.

PRÀCTICA 4: Llegir un nombre i veure el typeof.

PRÀCTICA 5: Llegir la cadena i concatenar.

PRÀCTICA 6: Llegir un nombre i realitzar conversions.

PRÀCTICA 7: Funcions d'operadors ~

PRÀCTICA 8: Conversions de tipus parseInt (), parseFloat (), Number ().

PRÀCTICA 9: Format data.

PRÀCTICA 10: Sistema binari, desplaçar bits.

PRÀCTICA 11: Conversió al sistema de numeració.

PRÀCTICA 12: Convertir el sistema de numeració decimal.

PRÀCTICA 13: Reassignació de valors.

PRÀCTICA 14: El tipus de dada és una cadena.

PRÀCTICA 15: Comparar dates.

PRÀCTICA 16: Llegir diferents parts d'una data.

ACTIVITATS DE REPÀS.

Operador	Descripció
. [ ] ( )	Accés a camps, indexació de matrius, crides a funcions i agrupament d'expressions
++ -- - ~ ! delete new typeof void	Operadors unaris, tipus de dades retornats, creació d'objectes, valors no definits
* / %	Multiplicació, divisió, divisió mòdul
+ - +	Suma, resta, concatenació de cadenes
<< >> >>>	Desplaçament bit a bit
< <= > >= instanceof	Més petit que, menor o igual que, més gran que, més gran o igual que, instanceof
== != === !==	Igualtat, desigualtat, igualtat estricta i desigualtat estricta
&	AND bit a bit
^	XOR bit a bit
|	OR bit a bit
&&	AND lògic
||	OR lògic
?:	Condicional
= OP=	Assignació, assignació amb operació (com + = i & =)
,	Avaluació múltiple

Pràctica 1: Finestra amb un missatge Hola.

S'obre una finestra que visualitza el missatge Hola, a la segínea visualitzar "Que tal et trobes manejant JavaScript", es tanca la finestra abierta.unda línia visualitzar "Que tal et trobes manejant JavaScript", es tanca la finestra oberta

```
document.open();
document.writeln("<pre>Hola</pre><br/>");
document.writeln("Que tal et trobes manejant JavaScript ");
document.close();
```

Enviar un mensaje a un identificador id.

```
document.getElementById("idmeu").innerHTML ="Que    tal    et    trobes    manejant
JavaScript";
```

Pràctica 2: Obrir i tancar finestres, en diferents script

Es defineix una estructura bàsica d'HTML i es defineixen dues etiquetes <script> un dins de <head> i l'altra dins el <body>, podien existir fora però no és normal. La primera obre una finestra escriu en el document i tanca la finestra. La segona obre una finestra escriu i la tanca. L'escriptura es produeix en tota en la mateixa solapa.

```
<!DOCTYPE html>
<html lang="ca">
<head>
    <meta charset="UTF-8">
    <title>Pràctica 2 - UT 3</title>
     <script>
        var miVar="cadena";
        document.open();
        document.write("Hola "+miVar);
        document.write(" Pràctica 2");
        document.write("<br/>");
        document.close();
    </script>
</head>
<body>
    <script>
        document.open();
        document.write("Segona obertura "+miVar);
        document.close();
    </script>
</body>
</html>
```

RESULTAT

    Hola cadena Pràctica2
    Segona obertura, cadena

Pràctica 3: Comprogar l'àmbit local de les variables en una funció

Es defineix una l'obertura d'un document en una finestra .open (), es realitza l'escriptura de dues línies de codi HTML amb document.write, s'invoca a la funció prova (), que realitza la definició d'una variable miVar = 56 i s'escriu en el document un missatge i el contingut de la variable miVar i el tipus de dada que contien la variable.

```
var miVar = "cadena";
function prueba() {
    var miVar = 56; // àmbit (local) de la funció
    document.write("Variable local (per a la funció). valor: " + miVar+" Tipus: "+
    typeof(miVar));
}

document.open();
document.write("Variable global. Valor: " + miVar+" Tipus: "+ typeof(miVar));
document.write("<br/>");
prueba();
document.close();
```

RESULTAT

    Variable global. Valor: cadena Tipus: string
    Variable local (per a la funció). valor: 56 Tipus: number Segona obertura cadena

Pràctica 4: Llegir un número des del teclat i veure el tipus de dades typeof()

Es llegeix una variable, i s'observa en la visualització el tipus de dada que és la variable llegida.

```
function leer() {
    var llegeix;
    llegeix =prompt("Introdueix un nombre ", "0");
     document.write("Variable local (per a la funció). valor: " + llegeix+" Tipus:
    "+ typeof(llegeix));

    // Visualitzar
    alert(llegeix);
}
leer();
```

RESULTAT:

Aquesta pàgina diu

Introdueix un nombre

345|

D'acord   Cancel·la

Aquesta pàgina diu

345

D'acord

Variable local (per a la funció). valor: 345 Tipus: string

Pràctica 5: Llegir una cadena i concatenar després.

Es llegeix una cadena des d'una venda indicador, i posteriormante es realitza una concatenació. La lectura de les dades, per defecte utilitzant el mètode prompt retorna un String. Es realitza la lectura i la conversió directa a un tipus de dada sencer, per mitjà parseInt ().

```
<!DOCTYPE html>
<html lang="ca">
<head>
    <meta charset="UTF-8">
    <title>Pràctica 5 - UT 3</title>
</head>
<body>
    <script>
      function llegir() {
            var llegeix;
            llegeix = prompt("Introdueix un nombre ", "0");
            document.write("Variable local (per a la funció). valor: " + llegeix+" Tipus:
            "+ typeof(llegeix));
            document.write("<br/>");
            leeDos = parseInt(prompt("Introdueix un segon número : ", "0"));
            sortida = llegeix+leeDosdocument.write("El valor de la variable llegida en
            segon lloc "+leeDos+" és de tipus "+ typeof(leeDos));
            document.write("Nova variable local (per a la funció). valor:" + salida+" Nou
            tipus: "+ typeof(sortida));
      }
      llegir();

    </script>
</body>
</html>
```
RESULTAT

Aquesta pàgina diu

Introdueix un nombre

45|

D'acord   Cancel·la

Variable local (per a la funció). Valor: 14 Tipus: String
El valor de la variable llegida en segon lugar145 és de tipus numberNueva variable local (per a la funció). Valor: 14145 Nou tipus: String

Pràctica 6: Llegir() un nombre i realitzar conversions

El prompt llegeix un valor, prèvia assignació per defecte del valor "0" que apareix difuminat en el camp de lectura.Se visualitza el valor llegit i s'índica el tipus de dada **typeof(llegeix)**. Es realitzen dues conversions de la dada llegit que és un String, es converteix Enter i se li suma el número 5 **parse (llegeix) +5**. Es passa a float i se li suma 3.55, amb **parseFloat(llegeix) +3.55**; es realitza una visualització en una finestra alert dels diferents valors obtinguts. Es fa una conversió 1 float + 1 integer i observem el tipus resultant en la variable z. Es realitzen un post increment i pre increment a la variable z.

```
function llegir() {
        var llegeix;
        llegeix=prompt("Introdueix un nombre ", "0");
        document.write("Variable local (per a la funció). Valor: " + llegeix+" Tipus:
        "+ typeof(llegeix));
        // Conversió a nombre
        y=parseInt(llegeix)+5;
        j=parseFloat(llegeix)+3.55;
        alert("Primera conversió:"+llegeix+"+"+5+" = "+y+" Tipus:
        "+typeof(y)+"\n"+"Segona conversió: "+llegeix+"+"+3.55+" = "+ j+" Tipus:
        "+typeof(j));
        z= 56.88+parseInt("5.22");
        alert(z+" Tipo: "+typeof(z));
        z+=4;
        ++z;
        alert(z);
    }
    llegir();
```

RESULTAT:

Aquesta pàgina diu

Introdueix un nombre

```
4587
```

D'acord   Cancel·la

Aquesta pàgina diu

Primera conversió:4587+5 = 4592 Tipus: number
Segona conversió: 4587+3.55 = 4590.55 Tipus: number

D'acord

Aquesta pàgina diu

61.88 Tipo: number

D'acord

Aquesta pàgina diu

66.88

D'acord

Variable local (per a la funció). Valor: 4587 Tipus: String

Pràctica 7: Funcions d'operadors ~

L'operador ~: és un operador binari de negació o complement (bitwise NOT operator). Aquest operador converteix el operant en un enter de 32 bits per després invertir cada bit individualment. Els zeros es converteixen en uns i els uns en zeros.

1. L'operador doble (~~) s'utilitza per arrodonir, com un equivalent ràpid de **Math.floor()**. En invertir els bits dues vegades queden igual que abans, però la conversió a sencer roman (utilitza el mètode intern **toInt32**)

Aquesta funció no és vàlida

```
function toInt32(){
        window.write(~~5.7);        // => 5
        window.write(~~32.18897);   // => 32
        window.write(~~5.7e1);      // => 57  (podem utilitzar notació
        exponencial)
        window.write(~~314e-2);     // => 3
    }
```

Aquesta funció si és valida.

```
function toInt32(){
        console.log(~~5.7);         // => 5
        console.log(~~32.18897);    // => 32
        console.log(~~5.7e1);       // => 57 (podem utilitzar notació
        exponencial)
        console.log(~~314e-2);      // => 3
        // l'arrodoniment amb número negatius és un negatiu més gran
        console.log(~5.7);          // => -6
        console.log(~32.18897);     // => -33
```

Console

5

32

57

3

-6

-33

-58

-4

Console

-5

-6

-5

-32

-33

-32

```
        console.log(~5.7e1);        // => -58 (podem utilitzar notació exponencial)
        console.log(~314e-2);       // => -4
    }
```

El que fa realment la doble negació binària és eliminar qualsevol nombre després de la coma (truncar, més que arrodonir). Per als nombre positius això és equivalent a **Math.floor()**, però per als nombres negatius no. Per als negatius és equivalent a **Math.ceil()**, ja que arrodoneix cap a zero:

```
    function verTruncar(){
        console.log(~~-5.7);                   // => -5
        console.log(Math.floor(-5.7));         // => -6
        console.log(Math.ceil(-5.7));          // => -5
        console.log(~~-32.18897);              // => -32
        console.log(Math.floor(-32.18897));    // => -33
        console.log(Math.ceil(-32.18897));     // => -32
    }
```

Més diferències amb **Math.floor()**.

A més de que l'arrodoniment de nombres negatius no és igual, si l'operand no és convertible a nombre, no ens va a tornar NAN, sinó 0.

```
    function ningunoCero(){
        console.log(~~"abc");        // => 0
        console.log(~~null);         // => 0
        console.log(~~undefined);    // => 0
        console.log(~~{});           // => 0
        console.log(~~[]);           // => 0
        console.log(~~(1/0));        // => 0
        console.log(~~false);        // => 0
        console.log(~~true);         // => 1 //true es convertible a 1
    }
```

Pràctica 8: Conversions de tipus parseInt(), parseFloat(), Number()

S'utilitzen tres funcions de conversió **parseInt()**, **parseFloat()**, **Number()**, a cadascuna d'aquestes funcions se li passa diferents valors: cadenes numèriques de sencers, decimals, cadenes, numero i lletres, nombres amb valors exponencials, cadenes buides i nul, conversions de sistemes de numeració de decimal a octal, hexadecimal, i binari.

S'observen els resultats executats en el navegador i es mostren a la consola, també s'han realitzat comprovacions en jsbin.com.

```
function parseNumer(){
    console.log(parseInt("10"));         // 10
    console.log(parseInt("10.8"));       // 10
    console.log(parseInt("10 22"));      // 10
    console.log(parseInt(" 14 "));       // 14
    console.log(parseInt("20 dias"));    // 20
    console.log(parseInt("Hace 20 dias")); // NaN
    console.log(parseInt("55aa33bb"));   // 55
    console.log(parseInt("3.14"));       // 3
    console.log(parseInt("314e-2"));     // 314
    console.log(parseInt(""));           // NaN el string buit es converteix NaN
    console.log(parseInt(null));         // NaN
    console.log(parseInt("10",10));      // 10
    console.log(parseInt("010"));        // 10  * 8  en navegadors antics *
    console.log(parseInt("10",8));       // 8
    console.log(parseInt("0x10"));       // 16 0x  indica que el nom és hexadecimal
    console.log(parseInt("10",16));      //16
    console.log(parseFloat("3.14"));     // 3.14
    console.log(parseFloat("314e-2"));   // 3.14
    console.log(parseFloat("0.0314E+2")); // 3.14
    console.log(parseFloat("3.14dieciseis")); // 3.14
    console.log(parseFloat("A3.14"));    // NaN
    console.log(parseFloat("tres"));     // NaN
    console.log(parseFloat("e-2"));      // NaN
    console.log(parseFloat("0x10")); /* 0 No admet el prefix 0x per indicar
    hexadecimal' */
    console.log(parseFloat(""));         // NaN el string vacio se convierte a NaN
    console.log(parseFloat(null));       // NaN
    console.log(Number("12"));           // 12
    console.log(Number("3.14"));         // 3.14
    console.log(Number("314e-2"));       // 3.14
    console.log(Number("0.0314E+2"));    // 3.14
```

```
console.log(Number("e-2"));        // NaN
console.log(Number('0x10'));  // 16 admet el prefix 0x para indicar 'hexadecimal'
console.log(Number(true));    // 1
console.log(Number(false));   // 0
  // també podem incloure una expressió amb resultat boolean
console.log(Number( (1<2) ));     // 1
}
parseNumer();
```

Pràctica 9: Sistema binari, desplaçar bits.

Crear una funció que permeti desplaçar bits a la dreta << a l'esquerra >>, tants bits amb el dígit que s'acompanyi a l'esquerra del símbol (4 << març 4 >> 1). La comprovació es pot realitzar amb la calculadora programada de Windows 10 (ex .: 4 [botó LSH] 2 [=]; 4 [botó rsh] 2 [=]).

Es realitza una funció que realitza un desplaçament de bits de dreta a esquerra o d'esquerra a dreta, tantes posicions com a índex el nombre a l'esquerra. **a << 2** desplaça tots els bits dues posicions de dreta a esquerra, **b>>3** realitza una desplaçament de 3 posicions d'esquerra a dreta

```
function desplaza() {
    var a=4;
    //  Desplaçar cap esquerra
    b = a<<2;
    /*     0000 0100      a       0001 0000                 */
    // Desplaçar cap a dreta
    c = b>>3;
    /*     0001 0000      a       0000 0010                 */
    d=255;
    // Negació de bits
    w=~d;
    document.write("El valor de b és:" + b + "El valor de c és" + c + "d, que és 0,
    negat és "+w);
}
desplaza();
```

RESULTAT

```
El valor de b és: 16 El valor de c és 2
```

Pràctica 10: Conversió al sistema de numeració Hexadecimal a Decimal

Convertir un nombre del sistema Hexadecimal al sistema decimal. Es pregunta pel tipus de dada que té assignat la variable (llenguatge dèbilment tipat).

```
function desplaza() {
    var a=0X45;
    document.write("El valor de a és: "+a+".  Tipus de dada: "+typeof(a));
}
desplaza();
```

RESULTAT:

```
El valor de a és: 69.  Tipus de dada: number
```

Pràctica 11: Convertir diferents sistema de numeració

Permet passar d'un sistema de numeració a un altre el valor inicial és una cadena, el segon paràmetre és el sistema de numeració origen parseInt(Cadena, SistemaDeNumeracion), per defecte es converteix el valor a decimal.

```
function sistemaNumeracio() {
    document.write( parseInt("65370", 8)    + "<br />" );
    document.write( parseInt("340", 10)   + "<br />" );
    document.write( parseInt("10FE365", 16)   + "<br />" );
    document.write( parseInt("011010101", 2)  + "<br />" );
}
sistemaNumeracio();
```

RESULTAT:

```
RESULTAT: en el sistema de numeració decimal.
```
27384

340

17818469

213

Pràctica 12: Reassignació de valors i tipo de variables

Comprovar els tipus de dades llegides per teclats, es compara si és major o igual a 5 es visualitzar un missatge en una finestra de tres valors, concatenats + una cadena. Es diu a una funció cadenalee().

```
function llegeixCadena() {
        var a = 3;
        y = 5;
        let m = prompt("Dóna'm un nombre més gran que: ","5");
        if(m >= y){
                let z = "Només en el bloc";
                alert(a+" "+y+" "+m+" "+z);
        }
        document.write("El valor de a és: "+a+". Tipus de dada: "+typeof(a));
}
llegeixCadena();
```

RESULTAT

Esta página dice

Dame un numero mayor que:

[5]

Aceptar   Cancelar

Esta página dice

3 5 23 solo en el bloque

Aceptar

El valor de a és: 3. Tipus de dada: number

Pràctica 13: Comprovar el tipus de dada si és una cadena..

Comprovar que el tipus de dada és una cadena.

```
dato =  prompt("Dóna'm un valor");
if (typeof(dato) === "string"){
        alert("És una cadena");
}
```

Comprovar el tipus de dada que s'ha assignat a una variable. El tipus depèn del valor escrit. Es comprova si és **string** o **number**. S'utilitza un parseInt () per comprovar si és String i parseFloat () per comprovar si és number

PAS 1: Fragmentar línies utilitzant \

Es fragmenten les línies utilitzant \ es continua en la línia següent.

```
<script>
    dada = prompt("Dóna'm un valor");
    if (typeof(parseint(dada)) === "string"){
            document.write("Valor correcte" + "<br />");
    }
    (typeof(parsefloat(dada)) === "number") ? \
            document.write("És un nombre");\
            :document.write("No és un nombre");
    document.write("<br />" + "final");
</script>
```

> L'operador ternari és un condicional simple que executa una de dues instrucció-cions possibles depenent de l'avaluació prèvia d'una condició.
> *condició ? instruccionIfTrue : instructionIfFalse;*
> *Ej.: amb assignació*
> *var status = (user.name && user.pass) ? 'Logged' : 'Unlogged';*

PAS 2: Comprovar un tipus si és exactament igual a una comparació.

Es comprova que el tipus dada és tipus String o tipus de dada és un nombre. S'utilitza la comprovació === perquè sigui exactament igual.

```
<script>
        dada = prompt("Dóna'm un valor");
        var x = parseInt(dada);
        if (typeof(parseInt(dada)) === "string"){
                document.write("Valor correcte" + "<br />");
        }
        (typeof(x) === "number") ? document.write("És un nombre") : document.write("No
        és un nombre");
        document.write("<br />" + "final");
</script>
```

PAS 3: Comprovació múltiple en funció del tipus de dada d'una variable.

Es crea una funció per analitzar tots els tipus de dades, que pot assignar a una variable, s'analitza en funció del typeof (llegit), s'analitza en una condició múltiple.

```
<script>

    function tipusValor(llegit) {
            switch (typeof(llegit)) {
                    case 'string':
```

```javascript
                    return ("És una cadena ");
            case 'number':
                    return("És un nombre");
            case 'boolean':
                    return("És boolean");
            case 'null':
                    return("És null");
/*          case 'nan':
                    return("Valor inexistent"); */
            case 'object':
                    return("És un objecte");
            default:
                    return("Valor no definit");
        }
    }
    dada = prompt ("Escriu un nombre o una cadena");
    document.write(tipusValor(dada)+"<br />");
    var nou = null;
    document.write(tipusValor(nou)+"<br />");
    document.write(tipusValor(unAltre=5));
</script>
```

Condició múltiple amb un operador ternari.
var a=11;
var numeroLiteral = a == 5 ? 'Cinc' :
            a == 7 ? 'Set' :
            a == 11 ? 'Onze' :
            a == 15 ? 'Quinze' :
            'Otro Número';
console.log(numeroLiteral);
// resultat del assignació del valor

PAS 4: Crear un bucle passant els paràmetres com a pas de valors.

Crear una funció que permet realitzar un bucle for, amb valors passats per valor, i valor inici, f valor fi, **increm** és l'increment. S'utilitza un salt d'increment en el bucle **continue**.

```javascript
function miBucle(i,f,increm) {
        for (x = i; x <= f; x+=increm){
                if (x <= 10){
                        continue;
                }
                document.write(x+ "<br />");
                if(x >= 15){
                        break;
                }
        }
}
var inici = prompt ("Primer valor");
var fi = prompt ("últim valor");
var increment = prompt ("Increment");

miBucle(parseInt(inici,parseInt(fi),parseInt(increment));
```

PAS 5: Ús d'un bucle while amb increment.

Utilitzar un bucle do **while {}**, amb la condició al principi del while. El bucle es controla amb un increment d'un comptador.

```javascript
// Definició de variables usades en bucles
var comptar = 0, acu = 0;
while(comptar <= 10){
        document.write(comptar+ "<br />");
        acu+=contar;
        comptar++;
}
document.write(acu);
```

PAS 6: bucle while amb comprovació de condició al final

Utilitzar un bucle **do while{}**, con incremento en la última línea del bucle y la condición al final del bucle. Esto implica que como mínimo el bucle debe de ejecutarse una vez.

```javascript
// Definició de variables usades en bucles
var comptar = 0, acu = 0;
do{
        document.write(comptar+ "<br />");
        acu+=comptar;
        comptar++;
}while(comptar <= 10);
document.write(acu);
```

PAS 7: Comprovar divisions incorrectes

Es visualitza el tipus de dada que resulta de fer la divisió de dos nombres si el resultat és Indeterminat o no, el resultat que es pretén analitzar si és "Infinity" "-Infinity". Es realitzen diferents operacions per comprovar que passa que el nombre resultant és infinit.

```javascript
<script>
        function queTipus(valor){
                document.write("El resultat és: "+typeof(valor)+" "+result+"<br />");
```

```
            if (valor == "Infinity"  || valor == "-Infinity"){
                document.write("El resultat és un tipus indeterminat: "+valor);
            } else  {
                Document.write("El resultat no és indeterminat "+valor);
            }
        }
        var i = -5, x = 0;
        queTipus(result = i/x);   // -Infinity
        var i=0 , x= 0;
        queTipus(result = i/x);   //  Infinity
        var i=0,   x=-5;
        queTipus(result = i/x);   //   El resultat és Zero
        var i=0,   x=5;
        queTipus(result = i/x);

    </script>
```

Pràctica 14: Format data

Crear un objecte tipus data, i obtenir les hores, minuts i segons l'objecte data obtingut.

```
function veureTemps() {
    var d = new Date();
    var n = d.getDate();
    var hours = Math.floor(n / 3600 );
    var minuts = Math.floor( ( n % 3600) / 60 );
    var segons = n % 60;

    // Anteposant un 0 als minuts si són menys de 10
    minuts = minuts < 10 ? '0' + minuts : minuts;

    // Anteposant un 0 als segons si són menys de 10
    segons = segons < 10 ? '0' + segons : segons;

    var result = hours + ":" + minuts + ":" + segons;   // 2:41:30
return result;
}

function programarAvis(){
    setTimeout(function(){mostraAvis()},3000); // 3000ms = 3s
}

function mostraAvis(){
    alert("Han passat els tres segons");
}
console.log("primera visualització"+veureTemps());
programarAvis();
console.log("segona visualització"+veureTemps());
```

RESULTAT:

```
    primera visualització0:00:24
    segona visualització0:00:24
```

Aquesta pàgina diu

Han passat els tres segons

D'acord

```
    primera visualització0:00:24
    segona visualització0:00:24
     3 segons
```

Aquesta alerta es dispara als tres segons. La funció a la qual crida i el temps que ha de transcórrer abans que es produeixi la crida a la funció **mostraAvis()**.

```
setTimeout(function(){mostraAvis()},3
        000); // 3000ms = 3s
```

[Violation] 'setTimeout' handler took 1737ms
La sentència alert produeix un ERROR
```
    alert("Han passat els tres segons");
```
El substituïm per
```
    console.log(" 3 segons");
```

Pràctica 15: Comparar dates.

Donat un formulari, en el qual s'introdueix una camp de dates i un botó d'enviament type = "submit". En el formulari es defineix l'atribut onsubmit = "compararFechas ()".

Es procedeix a la comparació de la data introduïda amb la data del sistema, prèviament es realitzar un comrpobación de creació d'una datats, amb el format DD/MM/AAAA

```html
<html>
    <head>
        <title> Comparació Dates JS</title>
        <script src="libdates.js"></script>
    </head>
    <body>
        <form id="Formulari" onSubmit="compararDatas()">
            <table>
                <tr>
                    <th align="left"> Introdueix Data:</th>
                    <th><input id="Data" type="text"></input></th>
                    <th><input type="submit" value="Enviar"></input></th>
                </tr>
            </table>
        </form>
    </body>
</html>
```

libdates.js

```javascript
/*  Llibreria de dates
*/

function  compararDates(){
    // Es comprova que la data tingui el format correcte

    var date_aux = document.getElementById("Data").value.split("/");
    var dateDos = new Date(parseInt(date_aux[2]),parseInt(date_aux[1]-
1),parseInt(date_aux[0]));

    // Comprovem si hi ha la data
    if (isNaN(dateDos)){
        alert("Data introduïda incorrecta");
        return false;
    }else{
        alert("La data que has introduït és"+fechaDos);
    }
    avui = new Date();// Data actual del sistema
    if (dateDos < avui){
        alert ("La data introduïda és anterior a Avui ");
    }else{
        if (dateDos == avui){
            alert ("Has introduït la data d'Avui ");
        }else{
            alert ("La data introduïda és posterior a Avui");
    }
}
```

Pràctica 16: Llegir difer Crear un calendari

- Per crear un objecte Date.
  var dateObjectName = new Date([parameters]);
- Definim la següent data:
  var fechaActual = new Date("June 25, 2018");

Seconds y minuts: 0 a59
Hores: 0 a 23
Dia: 0 (Diumenge) a 6 (dissabte)
Date: 1 al 31 (dia del mes)
Months: 0 (gener) a 11 (decembre)
Year: any a partir de 1900

Mètodes de data UTC

Els mètodes de data UTC s'usen per treballar amb dates UTC (dates de zona horària universal):

Mètode	Descripció
getDate ()	Retorna el dia del mes (d'1 a 31)
getDay ()	Retorna el dia de la setmana (de 0 a 6)
getFullYear ()	Retorna l'any
getHours ()	Retorna l'hora (de 0 a 23)
getMilliseconds ()	Retorna els mil·lisegons (de 0 a 999)
getMinutes ()	Retorna els minuts (de 0 a 59)
getMonth ()	Retorna el mes (de 0-11)
getSeconds ()	Retorna els segons (de 0 a 59)
getTime ()	Retorna el nombre de milisegons des de la mitjanit de l'1 de gener de 1970, i una data especificada
getTimezoneOffset ()	Retorna la diferència horària entre l'hora UTC i l'hora local, en minuts
getUTCDate ()	Retorna el dia del mes, d'acord amb l'hora universal (d'1 a 31)
getUTCDay ()	Retorna el dia de la setmana, d'acord amb l'hora universal (de 0 a 6)
getUTCFullYear ()	Retorna l'any, d'acord amb l'hora universal
getUTCHours ()	Retorna l'hora, d'acord amb l'hora universal (de 0 a 23)
getUTCMilliseconds ()	Retorna els mil·lisegons, d'acord amb l'hora universal (des 0-999)
getUTCMinutes ()	Retorna els minuts, segons l'hora universal (de 0 a 59)
getUTCMonth ()	Retorna el mes, d'acord amb l'hora universal (de 0-11)
getUTCSeconds ()	Retorna els segons, segons l'hora universal (de 0 a 59)
getYear()	Obsolet. Utilitza el mètode getFullYear() en el seu lloc.
now()	Retorna el nombre de milisegons des de la mitjanit l'1 de gener de 1970
parse()	Analitza una cadena de data i torna la quantitat de mil·lisegons des l'1 de gener de 1970
setDate ()	Estableix el dia del mes d'un objecte de data
setFullYear ()	Estableix l'any d'un objecte de data
setHours ()	Estableix l'hora d'un objecte de data
setMilliseconds ()	Estableix els mil·lisegons d'un objecte de data
setMinutes ()	Estableix els minuts d'un objecte de data
setMonth ()	Establece el mes de un objeto de fecha
setSeconds ()	Estableix els segons d'un objecte de data
setTime ()	Estableix una data en un nombre específic de milisegons després l'1 de gener de 1970
setUTCDate ()	Estableix el dia del mes d'un objecte de data, d'acord amb l'hora universal
setUTCFullYear ()	Estableix l'any d'un objecte de data, d'acord amb l'hora universal
setUTCHours ()	Estableix l'hora d'un objecte de data, d'acord amb l'hora universal
setUTCMilliseconds ()	Estableix els mil·lisegons d'un objecte de data, d'acord amb l'hora universal
setUTCMinutes ()	Estableix els minuts d'un objecte de data, d'acord amb l'hora universal
setUTCMonth ()	Estableix el mes d'un objecte de data, d'acord amb l'hora universal
setUTCSeconds ()	Estableix els segons d'un objecte de data, d'acord amb l'hora universa
setYear ()	Obsolet. Utilitza el mètode setFullYear () en el seu lloc
toDateString ()	Converteix la part de data d'un objecte Date en una cadena llegible
toGMTString ()	Obsolet. Utilitza el mètode toUTCString() en el seu lloc
toISOString ()	Retorna la data com una cadena, utilitzant l'estàndard ISO
toJSON ()	Retorna la data com una cadena, formatada com una data JSON
toLocaleDateString ()	Retorna la part de data d'un objecte Date com una cadena, utilitzant les convencions de configuració regional
toLocaleTimeString ()	Retorna la porció de temps d'un objecte Date com una cadena, utilitzant les convencions de configuració regional.
toLocaleString ()	Converteix un objecte Date en una cadena, utilitzant les convencions de configuració region
toString ()	Converteix un objecte Date en una cadena
toTimeString ()	Converteix la part de temps d'un objecte Date en una cadena
toUTCString ()	Convierte la parte de tiempo de un objeto Date en una cadena
UTC ()	Retorna el nombre de milisegons en una data des de la mitjanit de l'1 de gener de 1970, segons l'hora UTC
valueOf ()	Retorna el valor primitiu d'un objecte Date

PAS 1: Data amb el nom del mes.

Es defineix una variable de matriu que contingui els mesos de l'año. Se defineix un variable f tipus Date (); se li apliquen els mètodes de lectura de la data, mes i l'any de la data actual.

```
var mesos = new Array;
mesos=("Gener", "Febrer", "Març", "Abril", "Maig", "Juny", "juliol", "agost",
"Setembre", "Octubre", "Novembre", "Desembre");
var f=new Date();
document.write(f.getDate() + " de " + mesos[f.getMonth()] + " de " +
f.getFullYear());
```

PAS 2: Data amb nom de mes i nom de dia de la setmana.

És defineix una variable de matriu que contingui a els mesos de l'año. Se defineix 01:00 variable f tipo Date(); se li apliquin a els Mètodes de lectura de la data, mes il'any de la data actua.

```
var diesSetmana = new Array("Diumenge", "Dilluns", "Dimarts", "Dimecres", "Dijous",
"Divendres", "Dissabte ");
var f=new Date();
document.write(diesSetmana[f.getDay()] + ", " + f.getDate() + " de " +
mesos[f.getMonth()] + " de " + f.getFullYear());
```

PAS 3: Obtenir a partir d'una data si un any és de traspàs o no.

Es parteix de la condició que un any és de traspàs si és múltiple de 4, excepte els múltiple de 100 però no de 400.

```
var date = new Date();
var any = date.getFullYear();
var mes = date.getMonth();
var dia = date.getDate();
var estilDia;
var mesos = new Array ("Gener", "Febrer", "Març", "Abril", "Maig", "Juny", "juliol",
"agost", "Setembre", "Octubre", "Novembre", "Desembre");
var diesSetmana = new Array ("Diumenge", "Dilluns", "Dimarts", "Dimecres", "Dijous",
"Divendres", "Dissabte");
var diasMes = new Array(31, 28, 31, 30, 31, 30, 31, 31, 30, 31, 30, 31);
var diaMaxim = diasMes[mes];
if (mes == 1 && (((any % 4 == 0) && (any % 100 != 0)) || (any % 400 == 0)))
    diaMaxim = 29;
```

PAS 4: Obtenir una representació gràfica

Inicialment és correcta si partim del primer dia del mes si és qualsevol altre dia, cal calcular-lo. S'agrega la següent part del codi, per visualitzar el mes i calcular el dia de la setmana del mes.

```
document.write('<div class="mifecha2">');
document.write('<div class="mesano">' + mesos[mes] + ' ' + any + ':</div>');

var diaSetmana=f.getDay();
```

S'agreguen dos espais en blanc perquè segons el format dels fulls d'estil, surt-te del mes agost 2018 a la següent línia.

```
document.write('<br> <br>');
```

Si el valor 1 es col·loquen tants espais com dies.

```
if (i==1){
        estilDia = "dia";
        zero="";
        document.write('<div class="' + estilDia + '">' + zero + '</div>');
        document.write('<div class="' + estilDia + '">' + zero + '</div>');
}
```

Dins de bucle també s'encuenta la següent condició, que permet canviar l'estil de gris a gris fosc si el nombre de dia correspon amb la data actual.

```
if(i == dia)
    estilDia = "diaactual";
else
    estiloDia = "dia";
```

S'agrega aquesta condició per representar només el nombre de dies de la setmana i inicialitzar el comptador.

```
if(diaSetmana>7){
        document.write('<br> <br>');
        diaSetmana=1;
}
diaSetmana++;
```

Bucle de visualització.

```
for (i=1; i<=diaMaxim; i++){
    . . .
```

```
                document.write('<div class="' + estilDia + '">' + i + '</div>');
        }
        document.write('</div>');
```

Codi Resultant

Es defineixen els estils a s'utilitzin els identificadors.

```
<style type="text/css">
        .mifecha2 {
            border: 1px solid #ddd;
            padding: 3px;
            text-align: center;
            font-family:verdana, arial;
            font-size: 10pt;
            overflow: hidden;
            width: 100%
        }
        .mifecha2 .mesano{
            float: left;
            padding: 3px;
            font-weight: bold;
        }
        .mifecha2 .dia, .mifecha2 .diaactual{
            width: 20px;
            padding: 3px;
            margin-left: 3px;
            background-color: #ddd;
            float: left;
        }
        .mifecha2 .diaactual{
            background-color: #999;
            font-weight: bold;
        }
</style>
<script>
        var f=new Date();
        var any = f.getFullYear();
        var mes = f.getMonth();
        var dia = f.getDate();
        var estilDia;
        var meses = new Array(=("Gener", "Febrer", "Març", "Abril", "Maig", "Juny", "juliol",
        "agost", "Setembre", "Octubre", "Novembre", "Desembre");
        var diesSetmana = new Array("Diumenge", "Dilluns", "Dimarts", "Dimecres", "Dijous",
        "Divendres", "Dissabte");
        var diesMes = new Array(31, 28, 31, 30, 31, 30, 31, 31, 30, 31, 30, 31);
        var diaMaximo = diesMes[mes];
        if (mes == 1 && (((any % 4 == 0) && (any % 100 != 0)) || (any % 400 == 0)))
            diaMaxim = 29;
        document.write('<div class="mifecha2">');
        document.write('<div class="mesano">' + meses[mes] + ' ' + any + ':</div>');

        var diaSetmana=f.getDay();
        document.write('<br> <br>');
        for (i=1; i<=diaMaxim; i++){
            if (i==1){
                    estilDia = "dia";
                  zero="";
                    document.write('<div class="' + estilDia + '">' + zero + '</div>');
                    document.write('<div class="' + estiloDia + '">' + zero + '</div>');
              }
            if(diaSetmana>7){
                document.write('<br> <br>');
                diaSetmana=1;
            }
            if(i == dia)
              estilDia = "diaactual";
            else
              estilDia = "dia";

            document.write('<div class="' + estilDia + '">' + i + '</div>');
            diaSetmana++;
        }
        document.write('</div>');
</script>
```

Resultat:

Agost 2018:

		1	2	3	4	5
6	7	8	9	10	11	12
13	14	15	16	17	18	19
20	21	22	23	24	25	26
27	28	29	30	31		

Octubre 2018:

1	2	3	4	5	6	7
8	9	10	11	12	13	14
15	16	17	18	19	20	21
22	23	24	25	26	27	28
29	30	31				

Observats els resultats per al segon mes cal errors en la primera línia, i cal treure temporalment les línies.

```
document.write('<div class="' + estilDia + '">' + zero + '</div>');
document.write('<div class="' + estilDia + '">' + zero + '</div>');
```

SOLUCIÓ FINAL:

És defineix la Posició inicial amb la variable zero = "X"; ocupa la primeres posicions i s'a de repetir tants vegades com dies de la setmana, formin part dels dies del mes anterior. És controla amb la variable Posició és la variable que és defineix amb el valor inicial a 1 dins de el mes Seleccionat, per Obtenir el dia de la setmana inicial que ocupa dins de de este mes, és controla dins de de la Condició if (i == 1), que si és compleix NOMÉS s'executarà per construir el primer dia del mes i la Posició inicial que ocupa s'omple de "X", a els dies que falten per arribar al dia 1 de este mes. La variable numeroPos controla la Posició de col·locació i dels dies de la setmana.

```
if (i==1) {
    estilDia = "dia";
    zero=" X ";
    switch (numeroPos){
      case 1: break;
      case 2:
          document.write('<div class="' + estilDia + '">' + zero + '</div>');
          break;
      case 3:
          document.write('<div class="' + estilDia + '">' + zero + '</div>');
          document.write('<div class="' + estilDia + '">' + zero + '</div>');
          break;
      case 4:
          document.write('<div class="' + estilDia + '">' + zero + '</div>');
          document.write('<div class="' + estilDia + '">' + zero + '</div>');
          document.write('<div class="' + estilDia + '">' + zero + '</div>');
          break;
      case 5:
          document.write('<div class="' + estilDia + '">' + zero + '</div>');
          document.write('<div class="' + estilDia + '">' + zero + '</div>');
          document.write('<div class="' + estilDia + '">' + zero + '</div>');
          document.write('<div class="' + estilDia + '">' + zero + '</div>');
          break;
      case 6:
          document.write('<div class="' + estilDia + '">' + zero + '</div>');
          document.write('<div class="' + estilDia + '">' + zero + '</div>');
          document.write('<div class="' + estilDia + '">' + zero + '</div>');
          document.write('<div class="' + estilDia + '">' + zero + '</div>');
          document.write('<div class="' + estilDia + '">' + zero + '</div>');
          break;
      case 0:
          document.write('<div class="' + estilDia + '">' + zero + '</div>');
          document.write('<div class="' + estilDia + '">' + zero + '</div>');
          document.write('<div class="' + estilDia + '">' + zero + '</div>');
          document.write('<div class="' + estilDia + '">' + zero + '</div>');
          document.write('<div class="' + estilDia + '">' + zero + '</div>');
          document.write('<div class="' + estilDia + '">' + zero + '</div>');
          break;
    }
  }
}
```

Es Pantea un problema ja que la setmana comença diumenge i ocupa la posició 0, que correspon a la representació gràfica a l'últim dia de la setmana anterior, per a realitzar aquest control es realitza per mitjà de la variable diaSemana, que quan posició en f. getDay () = 0, s'estableix que diumenge es dibuixi com l'últim dia de la setmana, a més aquesta variable controla la col·locació dels 7 dies de la setmana que es reinicialitza a 1 quan s'arriba a diumenge, passant el següent dia del mes a formar part de la següent setmana.

```
    f.setDate(1);
    numeroPos=f.getDay();
    if (numeroPos==0){
        diaSetmana=7;
    } else {
        diaSetmana=numeroPos;
    }
```

Es realitza el control de les setmanes.

```
    if(diaSetmana>7){
            document.write('<br> <br>');
            diaSetmana=1;
    }
```

CODI RESULTANT:

```
<script>
    var f=new Date();
    var any = f.getFullYear();// El número de l'any
    var mes = f.getMonth();   // El número del mes
    var dia = f.getDate();    // número del día del mes
    var estilDia;
    var meses = new Array("Gener", "Febrer", "Març", "Abril", "Maig", "Juny", "juliol",
    "agost", "Setembre", "Octubre", "Novembre", "Desembre");
    var diesSetmana = new Array("Diumenge", "Dilluns", "Dimarts", "Dimecres", "Dijous",
    "Divendres", "Dissabte");
    var diesMes = new Array(31, 28, 31, 30, 31, 30, 31, 31, 30, 31, 30, 31);
    f.setMonth(parseInt(prompt("Dóna'm el mes 1 i 12"))-1);
    var mes = f.getMonth();
    var diaMaxim = diesMes[mes];
    // Es comprova si és de traspàs
    if (mes == 1 && (((any % 4 == 0) && (any % 100 != 0)) || (any % 400 == 0))){
        diaMaxim = 29;
    }
    document.write('<div class="mifecha2">');
    document.write('<div class="mesano">' + meses[mes] + ' ' + any + ':</div> <br>');

    var diaSetmana=f.getDay();

    document.write('<br>');
    f.setDate(1);
    numeroPos=f.getDay();
    if (numeroPos==0){
        diaSetmana=7;
    } else {
        diaSetmana=numeroPos;
    }
    zero=" ";
    for (i=1; i<=diaMaxim; i++){
      if (i==1) {
        zero=" X ";
        estilDia = "dia";
        switch (numeroPos){
          case 1: break;
                        case 2:
                    document.write('<div class="' + estilDia + '">' + zero + '</div>');
                    break;
            case 3:
                    document.write('<div class="' + estilDia + '">' + zero + '</div>');
                    document.write('<div class="' + estilDia + '">' + zero + '</div>');
                    break;
            case 4:
                    document.write('<div class="' + estilDia + '">' + zero + '</div>');
                    document.write('<div class="' + estilDia + '">' + zero + '</div>');
                    document.write('<div class="' + estilDia + '">' + zero + '</div>');
                    break;
            case 5:
                    document.write('<div class="' + estilDia + '">' + zero + '</div>');
                    document.write('<div class="' + estilDia + '">' + zero + '</div>');
                    document.write('<div class="' + estilDia + '">' + zero + '</div>');
                    document.write('<div class="' + estilDia + '">' + zero + '</div>');
                    break;
```

```
                    case 6:
                        document.write('<div class="' + estilDia + '">' + zero + '</div>');
                        document.write('<div class="' + estilDia + '">' + zero + '</div>');
                        document.write('<div class="' + estilDia + '">' + zero + '</div>');
                        document.write('<div class="' + estilDia + '">' + zero + '</div>');
                        document.write('<div class="' + estilDia + '">' + zero + '</div>');
                        break;
                    case 0:
                        document.write('<div class="' + estilDia + '">' + zero + '</div>');
                        document.write('<div class="' + estilDia + '">' + zero + '</div>');
                        document.write('<div class="' + estilDia + '">' + zero + '</div>');
                        document.write('<div class="' + estilDia + '">' + zero + '</div>');
                        document.write('<div class="' + estilDia + '">' + zero + '</div>');
                        document.write('<div class="' + estilDia + '">' + zero + '</div>');
                        break;

                }
            }
        if(diaSetmana>7){
            document.write('<br> <br>');
            diaSetmana=1;
        }
        if (i == dia) {
            estilDia = "diaactual";   //  Estil de visualització dia actual
        } else {
            estilDia = "dia";    //  Estil de la resta dels dies
        }
        zero="   ";
        document.write('<div class="' + estilDia + '">' + i + '</div>');
        diaSetmana++;
    }
</script>
```

Resultat:

Aquesta pàgina diu

Dóna'm el mes 1 i 12

2

D'acord   Cancel·la

Aquesta pàgina diu

Dóna'm el mes 1 i 12

6

D'acord   Cancel·la

Febrer 2019:

X	X	X	X	1	2	3
4	5	6	7	8	9	10
11	12	13	14	15	16	17
18	19	20	21	22	23	24
25	26	27	28			

Juny 2019:

X	X	X	X	X	1	2
3	4	5	6	7	8	9
10	11	12	13	14	15	16
17	18	19	20	21	22	23
24	25	26	27	28	29	30

ACTIVITATS DE REPÀS

1. Establir la diferència entre les variables definides amb var, let, const, {}.
2. Per què pot començar una variable en JavaScript.
3. Diferència entre una variable local, global o de bloc.
4. Què és hoisting.
5. Quins són els sis dades primitius més altres?
6. Perquè es caracteritza la conversió de tipus de dades, de manera implícita i explicita amb mètodes.
7. Fes un esquema de classificació dels tipus de dades de JavaScript.
8. Quan el text no entra en una línia com continu en la següent línia.
9. Com escric els comentaris en JavaScript.
10. Quins són els operadors lògics.
11. Indicar els operadors relacionals.
12. Indicar els operadors d'assignació Operacional.
13. Enumera els operadors extra.
14. Per què es caracteritzen els operadors bit a bit.
15. Quin són els operadors a fi i que significat tenen.
16. Quin són els operadors miscel·lanis.
17. Enumerar els tipus de bucles de JavaScript.
18. Tipus de condicions en JavaScript.

UNITAT DE TREBALL 4

Exercici 1. Multiplicació de dos matrius.
Exercici 2. Algorisme de la Bombolla.
Exercici 3. Llegir una cadena amb el mètode prompt ().
Exercici 4. Cadena és un Palíndrom.
Exercici 5: Analitzar una frase i els diferents tipus de caràcters.
Exercici 6. Calcular la lletra del NIF.
Exercici 7. Crear una funció que determini si el valor introduït és numèric o cadena.
Exercici 8. Fer servir un identificador amb getElementById associat a style.color
Exercici 9: Passar camps nom i cognoms a majúscules.
Exercici 10. Identificar si un nombre és parell o imparell.
Exercici 11. Calcular DC del CCC del compte bancari.
Exercici 12. Calcular l'IBAN, dels comptes bancaris.
Exercici 13. Funció que intercanvia dos valors en una funció.
Exercici 14. Numéro Positiu, Negatiu o nul.
Exercici 15. Factorial d'un nombre.
Exercici 16. Identificar el mes i dia.
Exercici 17. Funció que rep una data i valida.
Exercici 18. Crear una funció com Rellotge Digital.
Exercici 19. Definir prototips TCP / IP.
Exercici 20. Definir prototip comanda MODE.
Exercici 21. Estructura try {} i cath {}.
Exercici 22. Gestionar punts de trencament, breakpoint.
Exercici 23. Execució de l'operador in.
Exercici 24. Crear un prototip.
Exercici 25. Crear un prototip a partir de les dades d'un alumne.
Exercici 26. Donats 3 nombres sencers mostrar el major, menor.
Exercici 27: Calcular el NIE.
Exercici 28. Trobar el mínim comú múltiple de dos nombres mcm (a, b) amb arrays.
Exercici 29. Trobar el m.c.m. (a, b), a partir m.c.d. (a, b).
Exercici 30. Calcular els cinc nombre de la primitiva.
Exercici 31. Calcular els cinc nombre de la primitiva i de la Euromilió.

String
Number
in
breakpoint

```
try{
        a=document.getElementById("leedatos").value;
        document.write(a);
}
cath{
        alert("Error: En la ejecución del código");
}
```

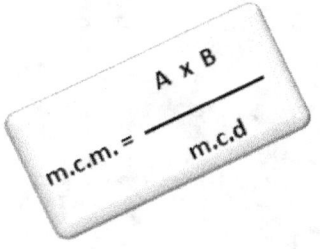

$$m.c.m. = \frac{A \times B}{m.c.d}$$

$$A_{m \times n} \times B_{n \times p} = C_{m \times p}$$

Exercici 1: Multiplicació de dos matrius.

Calcular la multiplicació de dues matrius bidimensionals: 3 files i 3 columnes.

Dues matrius A i B es diuen multiplicables si el nombre de columnes de A coincideix amb el nombre de files de B.

$$A_{m \times n} \times B_{n \times p} = C_{m \times p}$$

L'element C_{ij} , de la matriu producte s'obté multiplicant cada element de la fila *i* de la matriu A per cada element de la columna *j* de la matriu *B* i sumant

$$C_{[1][1]} = A_{[1][1]} * B_{[1][1]} + A_{[1][2]} * B_{[2][1]} + A_{[1][3]} * B_{[3][1]}$$
$$C_{[1][2]} = A_{[1][1]} * B_{[1][2]} + A_{[1][2]} * B_{[2][2]} + A_{[1][3]} * B_{[3][2]}$$
$$C_{[1][3]} = A_{[1][1]} * B_{[1][3]} + A_{[1][2]} * B_{[2][3]} + A_{[1][3]} * B_{[3][3]}$$

$$A.B = \begin{vmatrix} 2 & 0 & 1 \\ 3 & 0 & 0 \\ 5 & 1 & 1 \end{vmatrix} \cdot \begin{vmatrix} 1 & 0 & 1 \\ 1 & 2 & 1 \\ 1 & 1 & 0 \end{vmatrix} = \begin{vmatrix} 2.1+0.1+1.1 & 2.0+0.2+1.1 & 2.1+0.1+1.0 \\ 3.1+0.1+0.1 & 3.0+0.2+0.1 & 3.1+0.1+0.0 \\ 5.1+1.1+1.1 & 5.0+1.2+1.1 & 5.1+1.1+1.0 \end{vmatrix} = \begin{vmatrix} 3 & 1 & 2 \\ 3 & 0 & 3 \\ 7 & 3 & 6 \end{vmatrix}$$

PAS 1: Definir prèviament els valors de la matriu i visualitzar el seu contingut.

```
// Declaració de les matrius
var matriu1=new Array([2,0,1],[3,0,0],[5,1,1]);
var matriu2=new Array([1,0,1],[1,2,1],[1,1,0]);
document.write("Matriu 1 <br>");
// Mostrem la primera matriu
for(var valor of matriu1){
        document.write(valor+"<br>");
}
document.write("Matriu 2 <br>");
// Mostrem la segona matriu
for(var valor of matriu2){
        document.write(valor+"<br>");
}
```

PAS 2: Realitzar la multiplicació de dues matrius bidimensionals.

Per realitzar la multiplicació de dues matrius bidimensionals, hem de saber que la matriu A ha de tenir el mateix nombre de columnes que files tingui la matriu B.

Es procedeix a assignar valors d'inicialització des d'un bucle a les dues matrius A [3] [3] i B [3] [3], i a realitzar la multiplicació, per mitjà de tres bucles. Els bucles i, j controlen els índexs C [i] [j] de la matriu resultant. El bucle k controla el nombre d'elements que multipliquem en files i columnes, en funció de la seva longitud.

```
var acumulador = 0;
var a = [
        [2,0,1],
        [3,0,0],
        [5,1,1]
];
var b = [
        [1,0,1],
        [1,2,1],
        [1,1,0]
];
var c = [[],[],[]];

for ( i = 0 ; i < a.length ; i++) {
        for ( j = 0 ; j < a.length ; j++) {
                for ( k = 0 ; k < a[i].length ; k++) {
                        acumulador += a[i][k] * b[k][j];
                }
                c[i][j] = acumulador;
```

```
                        comptador = 0;
                }
        }
        for ( i = 0 ; i < c.length ; i++) {
                for ( j = 0 ; j < c.length ; j++) {
                        document.write(c[i][j]+" ");
                }
                document.write("<br />");
        }
```

RESULTAT:

```
3 1 2
3 0 3
7 3 6
```

PAS 3: Llegir els valors dels dos Arrays per teclat.

```javascript
// Declaració de les matrius
const DIMENSIO = 3;
var matriuA = new Array(DIMENSIO);
for(let i = 0; i<DIMENSIO; i++){
     matriuA[i] = new Array(DIMENSIO);
}
var matriuB = new Array(DIMENSIO);
for(let i = 0; i<DIMENSIO; i++){
     matriuB[i] = new Array(DIMENSIO);
}
// Omplir les matrius
alert("matriu A");
for(let i = 0; i< DIMENSIO; i++){
     for(let j = 0; j< DIMENSIO; j++) {
       matriuA[i][j] = prompt("Introduïu el valor de la posició " + i + " " + j);
     }
}
alert("matriu B");
for(let i = 0; i< DIMENSIO; i++){
     for(let j = 0; j< DIMENSIO; j++) {
       matriuB[i][j] = prompt("Introduïu el valor de la posició " + i + " " + j);
     }
}
for(let i = 0; i< DIMENSIO; i++){
     for(let j = 0; j< DIMENSIO; j++) {
          document.write(matriuA[i][j] + " ");
     }
     document.write("<br />");
}
for(let i = 0; i< DIMENSIO; i++){
     for(let j = 0; j< DIMENSIO; j++) {
          document.write(matriuB[i][j] + " ");
     }
     document.write("<br />");
}
var resultat = new Array(DIMENSIO);
for(let i = 0; i<DIMENSIO; i++){
     resultat[i] = new Array(DIMENSIO);
}
for(let i = 0; i< DIMENSIO; i++){
     for(let j = 0; j< DIMENSIO; j++) {
          resultat[i][j]= 0;
          for(let k = 0; k< DIMENSIO; k++){
               resultat[i][j] = resultat[i][j] + (matriuA[i][k] * matriuB[k][j]);
          }
     }
}
document.write("Resultat: <br />");
for(let i = 0; i< DIMENSIO; i++){
     for(let j = 0; j< DIMENSIO; j++) {
          document.write(resultat[i][j] + " ");
     }
     document.write("<br />");
}
```

Exercici 2. Algorisme de la Burbuja.

Crear una ordenació utilitzant l'algoritme de la Burbuja.

a) L'ordenació de bombolla (Bubble Sort en anglès) és un senzill algorisme d'ordenament. Funciona revisant cada element de la llista que serà ordenada amb el següent, intercanviant-de posició si estan en l'ordre equivocat.

b) Cal revisar diverses vegades tota la llista fins que no es necessitin més intercanvis, la qual cosa significa que la llista està ordenada.

c) Aquest algoritme obté el seu nom de la forma amb la qual pugen per la llista els elements durant els intercanvis, com si fossin petites "bombolles".

d) També és conegut com el mètode de l'intercanvi directe. Atès que només fa servir comparacions per operar elements, l'hi considera un algoritme de comparació, sent el més senzill d'implementar.

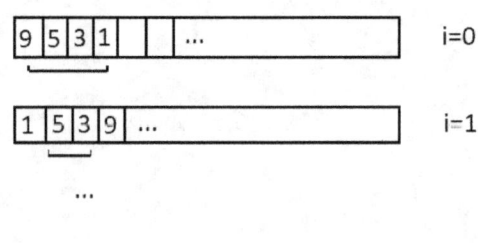

| 9 | 5 | 3 | 1 | | | ... | | i=0 |

| 1 | 5 | 3 | 9 | ... | | i=1 |

...

```
función deLaBurbuja (a_0, a_1, a_2, ... , a_(n-1))
    Desde i=2 hasta n hacer
        Desde j=0 hasta  n-1  hacer
            Si a_(j) > a_(j+1)  entonces
                aux = a_(j)
                a_(j) = a_(j+1)
                a_(j+1) = aux
            fin si
        fin desde
    fin desde
fin función
```

```javascript
var a = [323,42,32,1234234,23,44,7,25,54];
var aux = 0;

for (i = 1 ; i < a.length; i++) {
    for (j = 0 ; j < a.length - i; j++) {
        if (a[j] > a[j+1]) {
            aux = a[j];
            a[j] = a[j+1];
            a[j+1] = aux;
        }
    }
}
document.write(a)
```

SOLUCIÓ:

```javascript
function ordenacioBombolla(matriu) {
    var n = matriu.length;
    var aux = 0;
    for (let i = 2; i<= n; i++) {
        for (let j = 0; j<=(n-i); j++) {
            if  (matriu[j] > matriu[j+1]){
                aux = matriu[j];
                matriu[j] = matriu[j+1];
                matriu[j+1] = aux;
            }
        }
    }
}
```

Matriu Original a Ordenar:
9 8 6 7 7 2 3 4 5
Matriu Resultant Ordenada
2 3 4 5 6 8 9 7 7

```javascript
var tamMatriu = parseInt(prompt("Introduir la mida de l'array a ordenar "));
var matriu = new Array(tamMatriu);
for (let i=0; i<tamMatriu;i++){
    matriu[i] = parseInt(prompt("Element[" + i + "]:"));
}
document.write("<h1>Matriu Original a Ordenar:</h1> <br />  <h2>");
for (let i=0; i<tamMatriu;i++){
    document.write(matriu[i] + " ");
}
```

```
ordenacioBombolla(matriu);
document.write("<br /> </h2> <h1> Matriu Resultant Ordenada </h1> <h2> <br />");
for (let i=0; i<tamMatriu;i++){
        document.write(matriu[i] + " ");
}
document.write("</h2>")
```

Exercici 3. Llegir una cadena amb el mètode prompt()

Llegir una cadena de text mitjançant el mètode prompt() i generar un array amb les paraules que conté. Posteriorment, mostrar la següent informació:

- Nombre de paraules.
- Primera paraula i última paraula.
- Les paraules col·locades en ordre invers.
- Les paraules ordenades de la **a** la **z**.
- Les paraules ordenades de la **z** a la **a**.

```
<script>
        var cadena = prompt("Introdueix una cadena: ");
        var a = cadena.split(" ");
        document.write(a + "<br />");
        //1
        document.write(a.length + "<br />");
        //2
        document.write(a[0] + "<br />");
        document.write(a[a.length-1] + "<br />");
        //3
        a.reverse();
        document.write(a + "<br />");
        //4
        a.sort();
        document.write(a + "<br />");
        //5
</script>
```

Exercici 4. Cadena és un Palíndrom.

Definir una funció que determini si la cadena de text que se li passa com a paràmetre és un palíndrom, és a dir, si es llegeix de la mateixa manera des de l'esquerra i des de la dreta. Exemple d'palíndrom complex: "La ruta ens va aportar un altre pas natural".Convertir la cadena leída a Mayúsculas/minúsculas.

a) Dipositar la cadena llegida en una matriu lletra a lletra, sense espais (if).
b) Duplicar la matriu a un altre array de forma inversa.
c) Recórrer el segon array per comprovar que és igual al primer.

```
function palindrom(text) {
        for (j = 0; j <= text.split(" ").length ; j++){
                text = text.replace(" ","");
        }
        arraySinEspacios = text.split("");
        arrayReverse = text.split("").reverse();

        var igual = true;
                for (i = 0; i < arraySinEspacios.length ; i++) {
                        if ( arrayReverse[i] != arraySinEspacios[i] ){
                                igual = false;
                        }
                }
                if(igual){
                        resultado = "La cadena "+"-"+text+"- és un palíndrom.";
                }else {
                        resultado = "La cadena "+"-"+text+"-  no és un palíndrom.";
                }
        return resultado;
}
var cadena = prompt ("Introdueix una cadena: ");
document.write(palindrom(cadena));
```

Exercici 5: Analitzar una frase i els diferents tipus de caràcters.

Donada una frase:

> *"Jo crec que la gent, quan és intel·ligent i completament normal, no ha de pretendre l'ésser rara i estranya, perquè arriba a l'absurd inventat"*

Pío Baroja

   a) Comptar el nombre de paraules que conté una frase.
   b) Comptar el nombre de caràcters totals.
   c) Comptar el nombre de vocals que conté la frase, totes (a, i, i, o, o).
   d) Comptar si hi ha comes, punts.
   e) Caràcters en majúscules que comencen frases.

SOLUCIÓ 1:

```
function numeroCaracters(frase){
      frase.split(" ");
      document.write("La frase té "+frase.length+"  caràcters en total.");
}

function nombreParaules(frase){
      var palabras = frase.split(" ");
      document.write("La frase té "+palabras.length+" paraules.");
}

function nombreVocals(frase){
      frase.split(" ");
      var comptador = 0;
      var a = 0;
      var e = 0;
      var ii = 0;
      var o = 0;
      var u = 0;

      for (i = 0; i < frase.length ; i++) {
            if(frase[i] == "a"){
                  comptador++;
                  a++;
            }
            if(frase[i] == "e"){
                  comptador++;
                  e++;
            }
            if(frase[i] == "i"){
                  comptador++;
                  ii++;
            }
            if(frase[i] == "o"){
                  comptador++;
                  o++;
            }
            if(frase[i] == "u"){
                  comptador++;
                  u++;
            }
      }
      document.write("Total d'vocals: "+comptador);
      document.write("<ul>");
      document.write("<li>"+"Total d'a: "+a+"</li>");
      document.write("<li>"+"Total d'e: "+e+"</li>");
      document.write("<li>"+"Total d'i: "+ii+"</li>");
      document.write("<li>"+"Total d'o: "+o+"</li>");
      document.write("<li>"+"Total d'u: "+u+"</li>");
      document.write("</ul>");
}

function numeroComesPunts(frase){
      frase.split(" ");
      var comptador = 0;
      var a = 0;
      var e = 0;
```

```
        for (i = 0; i < frase.length ; i++) {
            if(frase[i] == ","){
                comptador++;
                a++;
            }
            if(frase[i] == "."){
                comptador++;
                e++;
            }
        }
    document.write("Total d'comes i punts: "+comptador+"<br />");
    document.write("Total d'comes: "+a+"<br />");
    document.write("Total de punts: "+e+"<br />");
}
var frase = "Jo crec que la gent, quan és intel·ligent i completament normal, no ha de
pretendre l'ésser rara i estranya, perquè arriba a l'absurd inventat";
document.write(frase);
document.write("<br />");
document.write("<br />");
numeroCaracters(frase);
document.write("<br />");
nombreParaules(frase);
document.write("<br />");
document.write("<br />");
nombreVocals(frase);
document.write("<br />");
numeroComesPunts(frase);
```

SOLUCIÓ 2:

```
var frase = prompt("Introduir una frase");

var paraules = frase.split(" ");
var lletres = frase.split("");

var numeroParaules = paraules.length;
    var nombreLletres = lletres.length;
    var nombrePunts = 0;
    var nombreComes = 0;
    var nombreVocals = 0;
    var numeroMajuscules = 0;
    for(let i = 0; i<nombreLletres;i++){
        switch(lletres[i]){
            case 'A': case 'a':
            case 'E': case 'e':
            case 'I': case 'i':
            case 'O': case 'o':
            case 'U': case 'u':
                nombreVocals++;
                break;
            case ".":
                nombrePunts++;
                break;
            case ",":
                nombreComes++;
                break;
        }
    if(lletres[i]==lletres[i].toUpperCase()){
        numeroMajuscules++;
    }
    }
    document.write("Nombre de paraules: " + numeroParaules + "<br />");
    document.write("Nombre de caracters: " + numeroLletres + "<br />");
    document.write("Nombre de vocals: " + numeroVocals + "<br />");
    document.write("Nombre de punts: " + numeroPunts + "<br />");
    document.write("Nombre de comes: " + numeroComes + "<br />");
    document.write("Número de Majúscules: " + numeroMajuscules + "<br />");
```

Nombre de paraules: 24
Nombre de caracters: 142
Nombre de vocals: 50
Nombre de punts: 0
Nombre de comes: 3
Nombre de Majúscules: 1

Exercici 6. Calcular la lletra del NIF

El càlcul de la lletra del NIF és un procés matemàtic senzill que es basa en obtenir la resta de la divisió entera del nombre de DNI i el número 23. A partir de la resta de la divisió, s'obté la lletra seleccionant segons el següent ordre:

T R W A G M Y F P D X B N J Z S Q V H L C K E

Per tant si la resta de la divisió és 0, la lletra del DNI és la T i si la resta es 3 la lletra és la A. Elaborar un petit script que demani en un camp de text el DNI d'un individu i en un altre la lletra del mateix i comprovi si les dades són correctes o no.

```javascript
var letras = ["T","R","W","A","G","M","Y","F","P","D","X","B","N","J","Z","S","Q",
"V","H","L","C","K","E"];
var dni = parseInt(prompt(" Introdueix el teu dni:));
document.write("La seva lletra és: "+ dni + letras[dni % 23]);
```

Exercici 7. Crear una funció que determini si el valor introduït és numèric o cadena.

Realitzar un programa que demani la introducció d'un nombre, crear una funció que determini si el valor introduït és numèric o cadena, si no és numèric mostrar un missatge "Valor erroni" i tornar a sol·licitar valor. Si el valor és numèric crear una funció *NumeroPrimo (num),* esbrini si aquest nombre és primer, indicant-ho amb missatges que es produeixin en el cos de la funció principal, el resultat, de la cadena de sortida.

<u>SOLUCIÓ 1</u>:
```javascript
// Exercici 7
function numeroCadena() {
        var n1 = prompt("Introdueix un nombre: ");
        while(n1 == ""){
                alert("Valor incorrecte");
                var n1 = prompt("Introdueix un nombre: ");
        }
function numPrimo(n1){
                for(i=2; i < n1;i++){
                        if (n1 % i == 0){
                                alert("No és un nombre primer.");
                                break;
                        }else{
                                alert("És un nombre primer.");
                                break;
                        }
                }
        }
        numPrimo(n1);
}
numeroCadena();
```
<u>SOLUCIÓ 2</u>:
```javascript
function NumeroPrimo(num){
        var primo = true;
        for (let i=2;i<=num/2 && primo;i++){
                if(num % i == 0){
                        primo = false;
                        alert("Valor incorrecte");
                }
        if (primo){
                document.write("És un nombre primer");
        }else {
                document.write("No és un nombre primer");
        }
}
var numero;
do{
        numero = prompt("Introduïu un nombre :");
} while (isNaN(parseInt(numero)));
// NumeroPrimo(numero)     se substitueix per una lectura directa des teclat en una finestra
NumeroPrimo(prompt("Dóna'm un nombre"));
```

Exercici 8. Fer servir un identificador amb getElementById associat a style.color

Escriu un script que contingui un paràgraf i cinc botons. Cadascun dels botons ha de tenir com a etiqueta el nom d'un color i en prémer posarà el color del paràgraf del mateix color que s'indica.

```javascript
function vermell(){
        document.getElementById("vermell").style.color="red";
```

```
        }
        function blue(){
                document.getElementById("blue").style.color="blue";
        }
        function groc(){
                document.getElementById("groc").style.color="yellow";
        }
        function verd(){
                document.getElementById("verd").style.color="green";
        }
        function morat(){
                document.getElementById("morat").style.color="purple";
        }
        function reset(){
                document.getElementById("vermell").style.color="black";
                document.getElementById("blue").style.color="black";
                document.getElementById("groc").style.color="black";
                document.getElementById("verd").style.color="black";
                document.getElementById("morat").style.color="black";
        }
```

Exercici 9: Passar camps nom i cognoms a majúscules

Utilitzar mètodes sobre el valor d'un camp que permeti canviar el valor del camp a majúscules o minúscules.

SOLUCIÓ 1:

```html
<!DOCTYPE html>
<html lang="es">
<head>
    <meta charset="UTF-8">
    <title>Ejercicio 18</title>
     <script>
        // Exercici 9
            function convertirAMayus(name){
                    var x = document.getElementById(name).value.toUpperCase();
                    document.getElementById(name).value = x;
            }
            function convertirAMinus(name){
                    var x = document.getElementById(name).value.toLowerCase();
                    document.getElementById(name).value = x;
            }
    </script>
</head>
<body>
    <form>
        <label> Nombre </label>
        <input type="text" id="nombre" name="nombre" />
          <input type="button" name="MAYUS" value="MAYUS"
          onClick="convertirAMayus('nombre')" /><input type="button" name="minus"
          value="minus" onClick="convertirAMinus('nombre')" />
        <br />
        <br />
        <label> Apellidos </label>
        <input type="text" id="apellidos" name="apellidos" />
          <input type="button" name="MAYUS" value="MAYUS"
          onClick="convertirAMayus('apellidos')" />
          <input type="button" name="minus" value="minus"
          onClick="convertirAMinus('apellidos')" />
    </form>
</body>
</html>
```

RESULTAT:

| Nombre baldomero | MAYUS | minus | | Nombre BALDOMERO | MAYUS | minus |
| Apellidos sanchez | MAYUS | minus | | Apellidos SANCHEZ | MAYUS | minus |

SOLUCIÓ 2:

```
<form>
      <label for="nombre">Nom</label><br>
      <input type="text" onfocus="seleccionat();" name="nom" id="nom" /><br>
      <label for="apellido">Cognom</label><br>
      <input type="text" onfocus="seleccionat();" name="cognom" id="cognom" /><br><br>
      <input type="button" name="Minusculas" onclick="minuscules();"  id="Minuscules"
      value="Minuscules" />
      <input type="button" name="Mayusculas" onclick="majuscules();" id="Majuscules"
      value="Majúscules" />
</form>

<script>
      var activo;
      function seleccionat(){
            activo = document.activeElement;
      }
      function majuscules(){
                  var valor = activo.value;
                  activo.value = valor.toUpperCase();
      }
      function minuscules(){
                  var valor = activo.value;
                  activo.value = valor.toLowerCase();
      }
</script>
```

RESULTAT:

Nom	Nom	Nom	Nom
BaldoMero	BaldoMero	BALDOMERO	BALDOMERO
Cognom	Cognom	Cognom	Cognom
SANchez	sánchez	sánchez	SANCHEZ
[Minuscules] [Majúscules]	[Minuscules] [Majúscules]	[Minuscules] [Majúscules]	[Minuscules] [Majúscules]

Exercici 10. Identificar si un nombre és parell o imparell

Escriure el codi d'una funció a la qual es passa com a paràmetre un nombre enter i retorna com a resultat una cadena de text que indica si el número és parell o imparell. Mostra per pantalla el resultat retornat per la funció. Si es passa qualsevol altre tipus de dada ha de saltar a la funció *ErrorTipoDatos()* i mostrar el missatge d'error a l'introduir el tipus de dades.

```
function parImpar(n1) {
      if (n1 % 2 === 0) {
            document.write("El nombre introduït és parell.");
      }else{
            document.write("El nombre introduït és imparell.");
      }
}

var numeret = parseInt(prompt("Introdueix un nombre: "));
document.write(parImpar(numeret));
```

Exercici 11. Calcular DC del CCC del compte bancari

Calcular el D.C. del CCC d'un compte Bancària i expressar-ho un cop calculat.

Cuenta Bancaria CCC

denominación Anterior (DC)

1234 1234 XY 1234567890

ENTIDAD   OFICINA   DC   NÚMERO DE CUENTA

a) La forma de calcular el dígit de control és aquesta expressat de la xifra més significativa a la menys significativa:

- La primera xifra del banc es multiplica per 4.

- La segona xifra del banc es multiplica per 8.
- La tercera xifra del banc es multiplica per 5.
- La quarta xifra del banc es multiplica per 10.
- La primera xifra de l'entitat es multiplica per 9.
- La segona xifra de l'entitat es multiplica per 7.
- La tercera xifra de l'entitat es multiplica per 3.
- La quarta xifra de l'entitat es multiplica per 6.

Se sumen tots els resultats obtinguts.

Es divideix entre 11 i ens vam quedar amb la resta de la divisió. A 11 li traiem la resta anterior, i aquest és el primer dígit de control, amb l'excepció que si ens dóna 10, el dígit es 1.

b) Per obtenir el segon dígit de control de la xifra més significativa a la menys significativa:

- La primera xifra del compte es multiplica per 1.
- La segona xifra del compte es multiplica per 2.
- La tercera xifra del compte es multiplica per 4.
- La quarta xifra del compte es multiplica per 8.
- La cinquena xifra del compte es multiplica per 5.
- La sisena xifra del compte es multiplica per 10.
- La setena xifra del compte es multiplica per 9.
- La vuitena xifra del compte es multiplica per 7.
- La novena xifra del compte es multiplica per 3.
- La desena xifra del compte es multiplica per 6.

Se sumen tots els resultats obtinguts. Es divideix entre 11 i ens vam quedar amb la resta de la divisió. A 11 li traiem la resta anterior, i aquest és el segon dígit de control, amb l'excepció que si ens dóna 10, el dígit és 1.

```
<!DOCTYPE html>
<html lang="ca">
<head>
  <meta charset="UTF-8">
  <title>Exercici - 11</title>
</head>
<body>
    <p>
        Entidad<input type="text" name="Entidad" maxlength="4" id="Entidad" />
        Oficina<input type="text" name="Oficina" maxlength="4" id="Oficina" />
        DC<input type="text" name="DC"  maxlength="2" id="DC"/>
        Cuenta<input type="text" name="Cuenta" maxlength="10"  id="Cuenta"/><br />
    </p>

    <input type="button" onClick="Calcular();" value="Calcular" />
    <p id="prueba"></p>
    <script>
    function Calcular(){
        var Control1 = 0;
        var Control2 = 0;
        var dc;
        var entidad= document.getElementById("Entidad").value.split("");
        var oficina = document.getElementById("Oficina").value.split("");
        var cuenta = document.getElementById("Cuenta").value.split("");
        var arrayEntidad = [4,8,5,10];
        var arrayOficina = [9,7,3,6];
        var arrayCuenta = [1,2,4,8,5,10,9,7,3,6]
        for(let i= 0;i< arrayEntidad.length;i++){
                digitoControl1 += parseInt(entidad[i]) * parseInt(arrayEntidad[i]);
        }
        for(let i= 0;i< arrayOficina.length;i++){
                digitoControl1 += parseInt(oficina[i]) * parseInt(arrayOficina[i]);
        }
        digitoControl1 %= 11;
        digitoControl1 = 11 -digitoControl1;
        if(digitoControl1 == 10){
            digitoControl1 = 1;
        }
        for(let i= 0;i< arrayCuenta.length;i++){
                digitoControl2 += parseInt(cuenta[i]) * parseInt(arrayCuenta[i]);
        }
        console.log(digitoControl2);
```

```
        digitoControl2 %= 11;
        digitoControl2 = 11 -digitoControl2;
        if(digitoControl2 == 10){
           digitoControl2 = 1;
        }
        console.log(digitoControl2);
        dc = digitoControl1*10 + digitoControl2;
        document.getElementById("DC").value = dc;
    }
  </script>
</body>
</html>
```

Exercici 12: Calcular l'IBAN, dels comptes bancaris.

Per al càlcul dels dígits de control de l'IBAN es fa ús d'un algoritme matemàtic que anem a detallar a continuació. Per començar, una vegada que coneixem les sigles del país en qüestió, ÉS en el cas d'Espanya, vam crear un codi previ usant les sigles ÉS precedides dels nombres 00 i li adjuntem el CCC que veníem utilitzant fins ara (ES001111222233444444444444).

a) Cal traslladar les quatre primeres posicions al final del codi (111122222334444444444ES00).
b) Substituir les lletres pels seus valors numèrics. TAULA DE CONVERSIÓ DE LES LLETRES IDENTIFICATIVES DE CADA PAIS

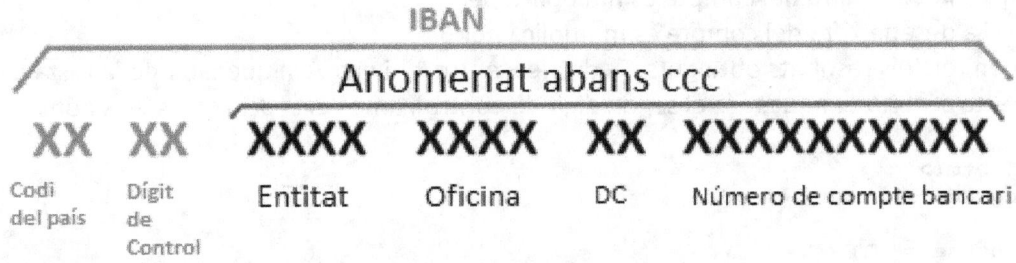

IBAN

		Anomenat abans ccc			
XX	XX	XXXX	XXXX	XX	XXXXXXXXXX
Codi del país	Dígit de Control	Entitat	Oficina	DC	Número de compte bancari

TAULA DE CONVERSIÓ DE LES LLETRES IDENTIFICATIVES DE CADA PAIS

A=10	G=16	M=22	S=28	Y=34
B=11	H=17	N=23	T=29	Z=35
C=12	I=18	O=24	U=30	
D=13	J=19	P=25	V=31	
E=14	K=20	Q=26	W=32	
F=15	L=21	R=27	X=33	

c) Segons la taula anterior, per a Espanya l'E s'ha de de canviar pel nombre 14 i la S pel nombre 28. (111122222334444444444142800).
- Ara es passaria a aplicar el model concret Mòdul 97-10. Per calcular aquest mòdul 97 caldria operar agafant el nombre creat fins al moment i dividint entre 97.
- La resta d'aquesta operació hem d'anotar-per procedir a fer la diferència entre 98 i aquesta resta. Suposant que la resta de tal divisió ha estat 95, procedim fent la diferència entre 98 i 95, resultant d'aquesta operació 3.
- Com dit resultat ha anat un nombre d'un dígit, anteposem al mateix la xifra 0, ja que els codis de control de l'IBAN són dos. D'aquesta manera, l'IBAN quedaria: ES03 1111 2222 33 4444444444

d) Si volguéssim verificar que aquests dígits de control són correctes podríem procedir de la següent manera:
- Prenem el CCC original i li afegim al final els números corresponents a les lletres de les sigles del país en qüestió, Espanya en aquest cas E = 14 i S = 28, més els dígits de control calculats (111122222334444444444142803).
- A continuació passem a dividir aquests dígits de l'IBAN creat entre 97 i haurà de ser la resta d'aquesta operació el número 1. Si això es compleix, llavors l'IBAN calculat és correcte.

```
  <body>
    <p>
        <label for="CodigoPais">Codigo Pais</label>
        <label for="DigitoControl">Digito Control</label>
```

```html
        <label for="Entidad">Entidad</label>
        <label for="Oficina">Oficina</label>
        <label for="DC">DC</label>
        <label for="Cuenta">N° de Cuenta</label>
    </p>
    <p>
        <input type="text" name="Codigo Pais" maxlength="2" size="2"
        id="CodigoPais" />
        <input type="text" name="Digito Control" maxlength="2" size="2"
        id="DigitoControl" />
        <input type="text" name="Entidad" maxlength="4" size="4" id="Entidad" />
        <input type="text" name="Oficina" maxlength="4" size="4" id="Oficina" />
        <input type="text" name="DC"   maxlength="2" size="2" id="DC"/>
        <input type="text" name="Cuenta" maxlength="10" size="10" id="Cuenta"/>
        <br />
    </p>
     <input type="button" onClick="IBAN();" value="Calcular IBAN" />

<script>
function IBAN(){

        var entidad= document.getElementById("Entidad").value.split("");
        var oficina = document.getElementById("Oficina").value.split("");
        var dc = document.getElementById("DC").value.split("");
        var cuenta = document.getElementById("Cuenta").value.split("");
        var codigoPais = document.getElementById("CodigoPais").value.split("");
        var digitoControl =
        document.getElementById("DigitoControl").value.split("");

        console.log(entidad+" "+oficina+" "+dc +" "+cuenta+" "+codigoPais);

        var peso1 = PesoIBAN(codigoPais[0]);
        var peso2 = PesoIBAN(codigoPais[1]);
        var total = entidad.concat(oficina,dc,cuenta,peso1,peso2,"00");
        console.log(peso1+"   "+peso2);
            //      total.splice(20,2,parseInt(peso1/10),parseInt(peso1%
            // 10),parseInt(peso2/10),parseInt(peso2% 10));
        total.splice();
        console.log("total"+total);
        var parte1 = total.slice(0,13);
        var parte2 = total.slice(13);
        console.log (parte1+"    "+parte2);

        var resto1 = parseInt(parte1.join("")) % 97;
        console.log(resto1);
        parte2.unshift(parseInt(resto1/10),resto1%10);
        console.log(parte2);
        var numero = parseInt(parte2.join(""));
        console.log(numero);
        var modulo = numero % 97;
        console.log("Modulo : "+modulo);
        modulo = 98-modulo;
        console.log(modulo);
        document.getElementById("DigitoControl").value = modulo;
    }

    function PesoIBAN(letra) {
        var peso = "";
        letra = letra.toUpperCase();
        switch (letra) {
            case 'A':       peso = "10"; break;
            case 'B':       peso = "11"; break;
            case 'C':       peso = "12"; break;
            case 'D':       peso = "13"; break;
            case 'E':       peso = "14"; break;
            case 'F':       peso = "15"; break;
            case 'G':       peso = "16"; break;
            case 'H':       peso = "17"; break;
            case 'I':       peso = "18"; break;
            case 'J':       peso = "19"; break;
            case 'K':       peso = "20"; break;
            case 'L':       peso = "21"; break;
            case 'M':       peso = "22"; break;
            case 'N':       peso = "23"; break;
```

```
                case 'O':        peso = "24"; break;
                case 'P':        peso = "25"; break;
                case 'Q':        peso = "26"; break;
                case 'R':        peso = "27"; break;
                case 'S':        peso = "28"; break;
                case 'T':        peso = "29"; break;
                case 'U':        peso = "30"; break;
                case 'V':        peso = "31"; break;
                case 'W':        peso = "32"; break;
                case 'X':        peso = "33"; break;
                case 'Y':        peso = "34"; break;
                case 'Z':        peso = "35"; break;
            }
        return peso;
        }
    </script>

    </body>
```

Exercici 13: Funció que intercanvia dos valors en una funció.

Realitzar un programa que, mitjançant una funció anomenada intercanvi (num1, num2) s'intercanvien els valors, de dues variables senceres que es van omplir en la funció principal.

SOLUCIÓ 1:

```
function intercambio(num1, num2){
        var aux = 0;
        aux = num2;
        num2 = num1;
        num1 = aux;
        document.write("Numero1: "+num1+"<br />");
        document.write("Numero2: "+num2+"<br />");
}
var numero1 = parseInt(prompt("Introdueix un nombre "));
var numero2 = parseInt(prompt("Introdueix un nombre "));
document.write("Numero1: "+numero1+"<br />");
document.write("Numero2: "+numero2+"<br />");
intercambio(numero1,numero2);
```

> **Introdueix un nombre** n1:2
> **Introdueix un nombre** n2:3
> Després d'intercanviar
> **Numero1: 3**
> **Numero2: 2**

SOLUCIÓ 2:

```
var arrayNumeros = new Array();
function intercambio (){
        var aux=0;
        aux=arrayNumeros[0]
        arrayNumeros[0]=arrayNumeros[1];
        arrayNumeros[1]=aux;
}
arrayNumeros[0]=prompt("Introdueix un nombre n1");
arrayNumeros[1]=prompt("Introdueix un nombre n2");
document.write("Valor n1:" + arrayNumeros[0] + "<br />");
document.write("Valor n2:" + arrayNumeros[1] + "<br />");
intercambio(arrayNumeros[0],arrayNumeros[1]);
document.write("Introdueix un nombre <br />");
document.write("Valor n1:" + arrayNumeros[0] + "<br />");
document.write("Valor n2:" + arrayNumeros[1] + "<br />");
```

> **Introdueix un nombre** n1:2
> **Introdueix un nombre** n2:3
> Després d'intercanviar
> Valor n1: 3
> Valor n2: 2

Exercici 14. Numéro Positiu, Negatiu o nul.

Realitzar un programa que, demanant la introducció d'un nombre, esbrini mitjançant una funció, si aquest nombre que li passi és positiu, negatiu o nul. Per a això, haurà d'escriure en pantalla, en cas positiu, el missatge "El nombre és positiu". En el cas de ser negatiu escriurà "El nombre és negatiu". Si resulta ser nul escriurà "El nombre és nul".

SOLUCIÓ 1:

```
function positivoNegativo(n1) {
    if(n1 > 0){
            document.write("El número és positiu.");
    }
    if(n1 < 0){
```

```
                    document.write("El número és negatiu.");
            }
            if(n1 == 0){
                    document.write("El número és nul.");
            }
        }
        var numero = parseInt(prompt("Introdueix un nombre: "));
        positivoNegativo(numero);
```

SOLUCIÓ 2:
```
    function tipoNumero(num){
        if(!isNaN(numero)){
            if(num > 0){
                    document.write("És un nombre positiu");
            } else if(num < 0){
                    document.write("És un nombre negatiu");
            } else {
                    document.write("És nul");
            }
        } else {
                document.write("No és un nombre");
        }
    }
    var numero = prompt("Introduïu un nombre :");
    tipoNumero(numero);
```

```
Introduïu un nombre : -23
És un nombre negatiu
Introduïu un nombre :  5
És un nombre positiu
Introduïu un nombre : A
No és un nombre
Introduïu un nombre : 0
És nul
```

Exercici 15. Factorial d'un nombre

Crear una funció que sigui recursiva i que permeti a partir d'un nombre obtenir el resultat recursiu..

a)   Creant una funció que utilitza un bucle per resoldre el factorial d'un nombre.
```
        function factorial (numero) {
                var resul = 1;
                for (i=1; i<=numero; i++) {
                        resul = resul * i;
                }
                return resul;
        }
```

b)   Canviant el bucle, de manera decremental.
```
        function factorial (numero) {
                var resul = 1;
                for (i=numero; i>=1; i--) {
                        resul = resul * i;
                }
                return resul;
        }
```

c)   Crear una funció de forma recursiva, per trobar el factorial d'un nombre.
```
        <script>
                function factorialRecursivo(numero){
                if (numero >=1){
                        return   numero*factorialRecursivo(numero-1);
                }
                return 1;
                }
                console.log("resultat :"+factorialRecursivo(5));
                console.log("dades");
                console.log (factorialRecursivo(parseInt(prompt())));
        </script>
```

```
Resultat en Consola
resultat :120
dades
7.257415615307994e+306
```

Exercici 16. Identificar el mes i dia.

Crear:

a) Un array anomenat **mesesDelAno** i que emmagatzemi el nom dels dotze mesos de l'any. Mostra per pantalla els dotze noms utilitzant la funció **alert()**.

b) Crear un array anomenat DiasSemana que emmagatzemi el nom dels 7 dies de la setmana. Mostra per pantalla els 7 dies de la setmana.

```
<script>
    var meses =  ["Gener", "Febrer", "Març", "Abril", "Maig", "Juny", "Juliol", "Agost",
    "Setembre", "Octubre", "Novembre", "Desembre"];
    var dies =  ["Dilluns", "Dimarts", "Dimecres", "Dijous", "Divendres", "dissabte",
    "Diumenge"];
    for (i = 0 ; i < meses.length ; i++) {
        document.write(meses[i] + "<br />");
    }
    document.write("<hr />");
    for (j = 0 ; j < dies.length ; j++) {
        document.write(dies[j] + "<br />");
    }
</script>
```

Exercici 17. Funció que rep una data i la valida.

Confeccionar una funció que rebi una data amb el format de dia, mes i any fechaMia (dia, mes, any) i retorni una cadena amb un format similar a: "Avui es 10 de juny de 2013".

fechaMia(10,6,2013)

SOLUCIÓ 1: Es prenen les dades del sistema.

```
function fechaMia(){
    var fecha = new Date();
    var dia = fecha.getDay();
    var mes = fecha.getMonth()+1;
    var anyo = fecha.getFullYear();
    switch(mes){
        case 1:  mes = "Gener";        break;
        case 2:  mes = "Febrer";       break;
        case 3:  mes = "Març";         break;
        case 4:  mes = "Abril";        break;
        case 5:  mes = "Maig";         break;
        case 6:  mes = "Juny";         break;
        case 7:  mes = "Juliol";       break;
        case 8:  mes = "Agost";        break;
        case 9:  mes = "Septembre";    break;
        case 10: mes = "Octubre";      break;
        case 11: mes = "Novembre";     break;
        case 12: mes = "Desembre";     break;
    }
    document.write("Avui es "+dia+" de "+mes+" de "+anyo);
}
fechaMia();
```

SOLUCIÓ 2: Lectura des teclat

```
function fechaMia(dia,mes,anyo){
    var mesAux;
    switch(mes){
        case 1:  mesAux = "Gener";        break;
        case 2:  mesAux = "Febrer";       break;
        case 3:  mesAux = "Març";         break;
        case 4:  mesAux = "Abril";        break;
        case 5:  mesAux = "Maig";         break;
        case 6:  mesAux = "Juny";         break;
        case 7:  mesAux = "Juliol";       break;
        case 8:  mesAux = "Agost";        break;
        case 9:  mesAux = "Septembre";    break;
        case 10: mesAux = "Octubre";      break;
        case 11: mesAux = "Novembre";     break;
        case 12: mesAux = "Desembre";     break;
    }
    document.write("Avui es "+ dia + " de " + mesAux + " de " + anyo);
```

```
        }
        var dia = prompt("Introduïu dia");
        var mes = prompt("Introduïu mes");
        var any = prompt("Introduïu any");
        fechaMia(dia,parseInt(mes),any);
```

RESULTAT:

Aquesta pàgina diu

Introduïu dia

```
24
```

D'acord   Cancel·la

Aquesta pàgina diu

Introduïu mes

```
2
```

D'acord   Cancel·la

Aquesta pàgina diu

Introduïu any

```
2019
```

D'acord   Cancel·la

Avui es 24 de Febrer de 2019

Exercici 18. Crear una funció com Rellotge Digital

Crear una funció RelojDigital (), que visualitzi a la finestra un rellotge digital que s'actualitza cada 200 mil·lisegons. S'ha de visualitzar Hora: Minuts: segons

Es pot introduir en un formulari, en un camp <input type="text" >

SOLUCIÓ 1:

```
function relojDigital(){
    var horaActual = new Date();
    var hora = horaActual.getHours()
    var minuto = horaActual.getMinutes()
    var segundo = horaActual.getSeconds()
    var resultado = hora+":"+minuto+":"+segundo;
    document.form_reloj.reloj.value = resultado;
    setTimeout("relojDigital()",200);
}
```

`9:56:10,680`

L'esdeveniment onload="rellotge();" en el body, invoca la funció rellotge(), en executar la càrrega de l'etiqueta <body>

SOLUCIÓ 2:

```
<body onload="rellotge();">
    <form>
        <label for="RellotgeDigital">Rellotge</label><br />
        <input type="text" name="RellotgeDigital" id=" RellotgeDigital "/>
    </form>
<script>
    function rellotge(){
        setInterval(function(){
            actualizarHora();
        }, 200);
    }

    function actualizarHora(){
        var hores;
        var minuts;
        var segons;
        var fecha = new Date();
        if(fecha.getHours() < 10){
            hores = "0" + fecha.getHours().toString();
        } else {
            hores = fecha.getHours().toString();
        }
        if(fecha.getMinutes() < 10){
            minuts = "0" + fecha.getMinutes().toString();
        } else {
            minuts = fecha.getMinutes().toString();
        }
        if(fecha.getSeconds() < 10){
            segons = "0" + fecha.getSeconds().toString();
```

Rellotge

`14:02:51`

```
                    } else {
                            segons = fecha.getSeconds().toString();
                    }
                    document.getElementById("RellotgeDigital").value = hores + ":" + minuts + ":" +
                    segons;
            }
</script>
</body>
```

Exercici 19: Definir prototips TCP/IP

Definir prototips de configuració de xarxa-ConfiRed.

a) Propietats de ConfiRed.

Sufix DNS específic per a la connexió. . :

```
    Dirección IPv4. . . . . . . . . . . . . . : 192.168.3.100
    Máscara de subred . . . . . . . . . . . . : 255.255.255.0
    Puerta de enlace predeterminada . . . . . : 192.168.3.1
```

b) Afegir el mètode SubredHost, que: defineixi el nombre de subxarxes i de sistema principal disponibles, com propietats del mètode, prèviament calculades.

```
    function ConfiRed(){
            this.ipv4 = "192.168.3.100";
            this.mascara = "255.255.255.0";
            this.puertaEnlace = "192.168.3.1";
            this.subredes = calcularSubredHost(this.ipv4, this.mascara, this.puertaEnlace);
    }

    function calcularSubredHost(ip, ma, pu){
            var bitsIP = partirEnBits(ip);
            var msgIP;
            var bitsMa = partirEnBits(ma);
            var msgMa;
            var bitsPu = partirEnBits(pu);
            var msgPu;
            var msgSubRed;
            var msgHost;
            if(bitsIP != undefined){
                    for(let i=0;i<4;i++){
                            bitsIP[i] = ajustar(8, bitsIP[i]);
                    }
                    msgIP = bitsIP.toString();
            }else{
                    msgIP = "IP invàlid";
            }
            if(bitsMa != undefined){
                    if(comprobarMascaraRed(bitsMa)){
                            for (let i=0;i<4;i++){
                                    bitsMa[i] = ajustar(8, bitsMa[i]);
                            }
                            msgMa = bitsMa.toString();
                    }else{
                            msgMa = "Mascara invalida";
                    }
            }else{
                    msgMa = "Mascara invalida";
            }
            if(bitsPu != undefined){
                    for(let i=0;i<4;i++){
                            bitsPu[i] = ajustar(8, bitsPu[i]);
                    }
                    msgPu = bitsPu.toString();
            }else{
                    msgPu = "Porta enllaç invalida";
            }
            // Calcular subxarxes, comptar nombre d'uns
            // Calcular host, comptar nombre de zeros
            if(bitsMa != undefined){
                    let tipoRed = parseInt(bitsIP[0], 2);
                    let acumuladorSR = 0;
                    let acumuladorH = 0;
                    if(tipoRed < 127){
```

```javascript
                // https://stackoverflow.com/questions/881085/count-the-number-of-
                occurences-of-a-character-in-a-string-in-javascript
                    acumuladorSR += (bitsMa[1].match(/1/g)||[]).length;
                    acumuladorSR += (bitsMa[2].match(/1/g)||[]).length;
                    acumuladorSR += (bitsMa[3].match(/1/g)||[]).length;
                    acumuladorH += (bitsMa[1].match(/0/g)||[]).length;
                    acumuladorH += (bitsMa[2].match(/0/g)||[]).length;
                    acumuladorH += (bitsMa[3].match(/0/g)||[]).length;
                }else if(tipoRed < 192){
                    acumuladorSR += (bitsMa[2].match(/1/g)||[]).length;
                    acumuladorSR += (bitsMa[3].match(/1/g)||[]).length;
                    acumuladorH += (bitsMa[2].match(/0/g)||[]).length;
                    acumuladorH += (bitsMa[3].match(/0/g)||[]).length;
                }else if(tipoRed < 224){
                    acumuladorSR += (bitsMa[3].match(/1/g)||[]).length;
                    acumuladorH += (bitsMa[3].match(/0/g)||[]).length;
                }else{
                    msgSubRed = "Xarxa fora de rang";
                    msgHost = "Xarxa fora de rang";
                }
                if(tipoRed < 224){
                    if(acumuladorSR != 0){
                        msgSubRed = Math.pow(2, acumuladorSR) -2;
                    }else{
                        msgSubRed = 0;
                    }
                    if(acumuladorH != 0){
                        msgHost = Math.pow(2, acumuladorH) -2;
                    }else{
                        msgHost = 0;
                    }
                }
        }else{
                msgSubRed = "No és possible calcular";
                msgHost = " No és possible calcular";
        }

        var cadena = "<p>Bits IP: " + msgIP + "<br />";
        cadena += "Bits Mascara: " + msgMa + "<br />";
        cadena += "Bits P. Enlace: " + msgPu + "<br />";
        cadena += "Numero de subredes: " + msgSubRed + "<br />";
        cadena += "Numero de equipos: " + msgHost + "</p>";
        return cadena;
}

function ajustar(tam, num) {
        if(num.length != 8){
                let diferencia = 8 - num.length;
                for(; diferencia > 0; diferencia--){
                        num = "0".concat(num);
                }
        }
        return num;
}


function partirEnBits(direccion){
        var resultat = undefined;
        var trozos = direccion.split(".");   // Es parteix la IP pel punt
        if(trozos.length == 4){               // Cada IP té 4 segments
            var strCompr = /^[0-9]+$/;
        // Cadena de comprovació, només pot haver nombres
            for(i=0;i<4 && strCompr != null;i++){
                if(!trozos[i].match(strCompr)){
        //   Passem el segment per la cadena de comprovació
                        strCompr = null;
        // Ha encontrado caracteres no numéricos, anula la cadena de comprobación
                }
            }
            if(strCompr != null){
        // Si la cadena de comprovació no és nul·la (tots els segments són numèrics)
                var cifras = new Array(4);
                var pasoBinario = new Array(4);
        // Això és el que es va a tornar, amb els segments en binari
                for(i=0;i<4;i++){
```

```javascript
                cifras[i] = parseInt(trozos[i]);
        // Convertim el text dels segments a nombre
                if(cifras[i] >=0 && cifras[i] <= 255){
        // Cada segment ha d'estar entre 0 i 255 ambdós inclosos per a ser vàlid
                    pasoBinario[i] = cifras[i].toString(2);
        // Pas del segment a binari
                }else{
                    break;
        // Si el valor del segment és inferior a 0 o superior a 255
                }
            }
            if(pasoBinario[3] != undefined){
        // Si l'últim segment en binari existeix, tots els segments són vàlids
                resultat = pasoBinario;
            }
        }
    }
    return resultado;
}

function comprobarMascaraRed(bitMask){
    var correcta = false;
    if(bitMask != undefined){
        // Comprovació per seguretat de que la màscara rebuda té alguna cosa
        var i = 0;
        var yaHayCeros = false;
        // Indicador que s'han trobat zeros en la màscara
        /* Quan apareix un zero en una màscara de xarxa, totes les xifres següents han de ser
        0 perquè sigui vàlida */
        var invalid = false;
        for(;i<4 && !invalido;i++){
            if(yaHayCeros){
                if(bitMask[i].length == 1){
                    if(!(bitMask[i]==="0")){
                        invalid = true;
                    }
                }else{
                    invalid = true;
                }
            }else{
                if(bitMask[i].length != 8){
        // Si el segment no té longitud 8 i no és "0", la màscara ja no és vàlida
        /* Exemple: El segment 1111111 té longitud 7, si s'omple fins longitud agost
        tenim 01.111.111 */
                    if(!(bitMask[i]==="0")){
                        invalid = true;
                    }else{
                        yaHayCeros = true;
                    }
                }else{
                    let indice = bitMask[i].indexOf("0");
                    // Busquem el primer 0 del segment
                    if(indice != -1){
                        // Hi ha zeros en el segment
                        yaHayCeros = true;
                        for(;indice < 8 && !invalid;indice++){
                            if(!(bitMask[i].charAt(indice) === "0")){
                                invalid = true;
                            }
                        }
                    }
                }
            }
        }
        correcta = !invalid;
    }
    return correcta;
}

function funcionRed(){
    red = new ConfiRed();
    document.write("<p>Direcció IP: " + red.ipv4 + "<br />");
    document.write("Mascara de xarxa: " + red.mascara + "<br />");
```

```
        document.write("Porta d'enllaç: " + red.puertaEnlace + "</p>");
        document.write(red.subredes);
}
document.open();
funcionRed();
document.close();
```
RESULTAT:

> Direcció IP: 192.168.3.100
> Mascara de xarxa: 255.255.255.0
> Porta d'enllaç: 192.168.3.1
>
> Bits IP: IP invalida
> Bits Mascara: Mascara invalida
> Bits P. Enlace: Porta enllaç invalida
> Numero de subredes: No és possible calcular
> Numero de equipos: No és possible calcular

Exercici 20: Definir prototip comanda MODE

Definir prototips per realitzar instàncies a diferents objectes de configuració del sistema. Definir que és propietat i que és mètode, si és públic o privat.

Es treballa amb objectes de configuració dels dispositius de sistema.

a) Definir objecte: PuertoSerie

Puerto serie: MODE COMm[:] [BAUD=b] [PARITY=p] [DATA=d] [STOP=s]
[to=on|off] [xon=on|off] [odsr=on|off]
[octs=on|off] [dtr=on|off|hs]
[rts=on|off|hs|tg] [idsr=on|off]

b) Definir l'objecte: ModoPuerto

Estat de dispositiu: MODE [dispositiu] [/ STATUS]

c) Definir el Objecte: PuertoPrnCom

Desviar impressió: MODE LPTn [:] = comm [:]

d) Definir el Objecte: ConsolaPais

Seleccionar pàgina de codis: MODE CON [:] CP SELECT = yyy

e) Definir el Objete: ConsolaEstado

Estat de pàgina de codis: MODE CON [:] CP [/ STATUS]

f) Definir l'objecte: ConsolaLineas

Mode de pantalla: MODE CON [:] [COLS = c] [LINES = n]

g) Definir l'objecte: TecladoVelRep

Velocitat del teclat: MODE CON [:] [RATE = r DELAY = d]

```
        /*      Definir objete: PuertoSerie
                Puerto serie:        MODE COMm[:] [BAUD=b] [PARITY=p] [DATA=d] [STOP=s]
                [to=on|off] [xon=on|off] [odsr=on|off]
                [octs=on|off] [dtr=on|off|hs]
                [rts=on|off|hs|tg] [idsr=on|off]
        */
        function PortSerie(){
                this.baud = "";
                this.parity = "";
                this.data = "";
                this.stop = "";
                this.to = "";
                this.xon = "";
                this.odsr = "";
                this.octs = "";
                this.dtr = "";
                this.rts = "";
                this.idsr = "";
        }
        /*      Definir el objete: ModoPuerto
                Estat de dispositiu: MODE [dispositivo] [/STATUS]     */
        function ModoPuerto(){
                this.modo = "";
        }
        /*      Definir el Objete: PuertoPrnCom
                Desviar impressió:    MODE LPTn[:]=COMm[:]    */
```

```
function PortPrnCom(){
      this.LPTn = "";
}
/*      Definir l'objecte:: ConsolaPais
        Seleccionar pàgina de codis:  MODE CON[:] CP SELECT=yyy      */
function ConsolaPais(){
      this.select = "";
}
/*      Definir l'objecte: ConsolaEstado
        Estat de pàgina de codis:    MODE CON[:] CP [/STATUS]        */

function ConsolaEstado(){
      this.cp = "";
}
/*      Definir l'objecte: ConsolaLineas
        Mode de pantalla:    MODE CON[:] [COLS=c] [LINES=n]      */

function ConsolaLinies(){
      this.cols = "";
      this.lines = "";
}
/*      Definir l'objecte:: TecladoVelRep
        Velocitat del teclat:      MODE CON[:] [RATE=r DELAY=d]       */

function funcTecladoVelRep(){
      this.rate = "";
      this.delay = "";
}
```

Exercici 21. Estructura try {} i cath {}

Realitzar les següents equacions amb try {} catch {} i recollir l'error, el nombre i mostrar una alert amb el número d'error.

a) Dividir un nombre per zero.
b) Dividir 0 entre 0.
c) Dividir un nombre per una cadena.
d) Restar una cadena buida a una cadena completa.
e) Utilitzar una cadena d'exercicis anteriors per assignar-lo a un array, i comprovar que en recórrer l'array no es dóna cap situació errònia.

SOLUCIÓ 1:
```
// Exercici 21
var n1 = 5;
var n2 = true;
try{
      if(n2 == 0 && n1 == 0) throw  'Divideix 0 entre 0';
      if(n2 == 0 || n1 == 0) throw 'Divideix un nombre per zero.';
      if(isNaN(n1) || isNaN(n2)) throw  'Divideix número per una cadena';
      if(n1 == "" && isNaN(n2)) throw   'Restar una cadena buida a una cadena
      completa.';
      if(typeof n2 == 'boolean') throw  'Divideix un nombre per un valor boolean';

      var resultado = n1 / n2;
      document.write(resultado);
}catch(err){
      alert(err);
}
```

RESULTAT:

Aquesta pàgina diu

Divideix un nombre per un valor boolean

[D'acord]

SOLUCIÓ 2:
```
      try{
            var divisor = 1000;
            var dividendo = 0;
```

```
                if(dividendo == 0){
                        throw new Error("Error: No es pot dividir entre 0");
                }
                console.log(divisor / dividendo);
        }catch(e){
                console.log(e.message);
        }
        try{
                var divisor = 0;
                var dividendo = 0;

                if(dividendo == 0 && divisor == 0){
                        throw new Error ("Error: Dividend i divisor són 0");
                }
                console.log(divisor / dividendo);
        }catch(e){
                console.log(e.message);
        }
        try{
                var divisor = "cadena Divisor";
                var dividendo = 0;
                if(typeof(divisor) == "string" || typeof(dividendo) == "string"){
                        throw new Error ("Error: Aquesta intentant dividir un nombre i una
                        cadena");
                }
                console.log(divisor / dividendo);
        }catch(e){
                console.log(e.message);
        }
        try{
                var cadena = "";
                var cadena2 = "cadena Divisor";
                if(isNaN(cadena-cadena2)){
                        throw new Error ("Error: Una de les cadenes és buida");
                }
        }catch(e){
                console.log(e.message);
        }
        try{
                var divisor = 1000;
                var dividendo = true;
                if(typeof(dividendo)=="boolean" || typeof(divisor)=="boolean"){
                        throw new Error("Error: No es pot dividir booleans");
                }
                console.log(divisor / dividendo);
        }catch(e){
                console.log(e.message);
        }
        try{
                var cadena = "cadena Divisor ";
                var array = new Array();
                array = cadena
                console.log(array);
        }catch(e){
                console.log(e.message);
        }
```

RESULTAT: obtingut a la consola del navegador

Error: No es pot dividir entre 0
Error: Dividend i divisor són 0
Error: Aquesta intentant dividir un nombre i una cadena
Error: Una de les cadenes és buida
Error: No es pot dividir booleans
cadena Divisor

Exercici 22. Gestionar punts de trencament, breakpoint.

Utilitzar l'exercici 11 i situar 5 punts de breakpoint. Executar en els cinc navegadors, per observar com es produeix la pausa, i com continuem a partir del breakpoint. Enumerar ejerciUT3-22-11A.html o ejerciUT3-22-11A.JS, ...

a) Internet Explorer. (F12)
b) Chrome. https://support.google.com/chrome/answer/157179?hl=es
c) Mozilla Firefox. https://support.mozilla.org/es/kb/accesos-directos-de-teclado#w_atajos-de-teclado-y-sistemas-operativos
d) Safari. https://support.microsoft.com/es-es/kb/970299
   https://support.apple.com/es-es/HT201236
e) Opera. http://help.opera.com/Windows/10.10/es-ES/keyboard.html

```
function numeroCaracteres(frase){
        frase.split(" ");
        document.write("La frase té "+frase.length+"  caràcters en total");
}

function numeroPalabras(frase){
        var palabras = frase.split(" ");
        document.write("La frase té "+palabras.length+" paraules.");
}
function numeroVocales(frase){
        debugger;
        frase.split(" ");
        var contador = 0;
        var a = 0;
        var e = 0;
        var ii = 0;
        var o = 0;
        var u = 0;
        for (i = 0; i < frase.length ; i++) {
                if(frase[i] == "a"){ contador++; a++;}
                if(frase[i] == "e"){ contador++; e++;}
                if(frase[i] == "i"){ contador++; ii++;}
                if(frase[i] == "o"){ contador++; o++;}
                if(frase[i] == "u"){ contador++; u++;}
        }
        document.write("Total d'vocale: "+contador+"<br />");
        document.write("Total d'a: "+a+"<br />");
        document.write("Total d'e: "+e+"<br />");
        document.write("Total d'i: "+ii+"<br />");
        document.write("Total d'o: "+o+"<br />");
        document.write("Total d'u: "+u);
}

function numeroComasPuntos(frase){
        debugger;
        frase.split(" ");
        var contador = 0;
        var a = 0;
        var e = 0;
        for (i = 0; i < frase.length ; i++) {
                if(frase[i] == ","){
                        contador++;
                        a++;
                }
                if(frase[i] == "."){
                        contador++;
                        e++;
                }
        }
        document.write("Total d'comes i punts: "+contador+"<br />");
        document.write("Total d'comes: "+a+"<br />");
        document.write("Total de punts"+e+"<br />");
}

var frase = " Jo crec que la gent, quan és intel·ligent i completament normal, no ha
de pretendre l'ésser rara i estranya, perquè arriba a l'absurd inventat. "
        document.write(frase);
        document.write("<br />");
        document.write("<br />");
```

> Es detindrà automàticament allà quan s'executi. Fins i tot pot embolicar-lo en condicionals, de manera que només s'executa quan ho necessiti.
> if (thisThing) { depurador ; }

```
        numeroCaracteres(frase);
        document.write("<br />");
        numeroPalabras(frase);
        document.write("<br />");
        document.write("<br />");
        numeroVocales(frase);
        document.write("<br />");
        numeroComasPuntos(frase);
```

RESULTAT:

Jo crec que la gent, quan és intel·ligent i completament normal, no ha de pretendre l'ésser rara i estranya, perquè arriba a l'absurd inventat.

La frase té 145 caràcters en total
La frase té 26 paraules.

Total d'vocale: 43
Total d'a: 14
Total d'e: 15
Total d'i: 6
Total d'o: 4
Total d'u: 4
Total d'comes i punts: 4
Total d'comes: 3
Total de punts1

SOLUCIÓ 2:

```
var frase = prompt("Introduïu una frase:");
var palabras = frase.split(" ");
var contadorPalabras = 0;
var contadorCaracteres = 0;
var caracteres = frase.length;
document.write("La frase introduïda és: "+frase+"<br/>");
for (var i=0;i<palabras.length;i++){
        contadorPalabras++;
}
document.write("Paraules: "+contadorPalabras+'<br>');
debugger;
for (var j=0;j<frase.length;j++){
        contadorCaracteres++;
}
document.write("Caràcters:"+contadorCaracteres+'<br>');
```

RESULTAT:

Aquesta pàgina diu

Introduïu una frase:

Avui és el dia de l'examen final

D'acord   Cancel·la

La frase introduïda és: Avui és el dia de l'examen final
Paraules: 7
Caràcters:32

Exercici 23. Execució de l'operador in

Crear tres exemples en què realitza l'execució de l'operador in.

a) Donada una matriu ["alumnes", "professors", "aules", "taules", "cadires", "pissarres"]
b) Comprovar que com s'accedeix a la posició 5 conté valor.
c) Comprovar que la posició 0 de l'array és una cadena.
d) Cercar "aules" dins de la matriu.

SOLUCIÓ 1:

```
var a = ["alumnes", "professors", "aules", "taules", "cadires", "pissarres"];
document.writeln ((5 in a)+"<br>");
document.writeln ((0 in a)+"<br>");
for (i in a ){
        if (i == 5) document.writeln (("index"+i)+"<br>");
}
for (i of a){
        if (i == "aulas") { document.writeln (("si coincideix")+"<br>");}
```

```
    var array= ["alumnes","professors","aules","taules","cadires","pissarres"];
    if (5 in array){
         console.log(array[5]);
    }else{
         console.log("La posició no existeix ");
    }
    if(typeof(0 in array) == "string"){
         console.log("És una cadena");
    }else{
         console.log("No és una cadena");
    }
    console.log(20 in array);
```

RESULTAT:

```
    pissarres
    No és una cadena
    false
```

SOLUCIÓ 3:

```
    var matrizLu=["alumnes","professors","aules","taules","cadires","pissarres"];
    if (5 in array){
        if(5 in matrizLu){
                    console.log("Hi valor");
        }else{
             console.log("No hi ha valor");
        }
        var cero=matrizLu[0];
        if(typeof(cero)==="string"){
          console.log("L'element que es troba a la posició 0 de la matriu és un string ");
        }else{
        console.log("L'element que es troba a la posició 0 de la matriu NO és un string ");
        }
        if(matrizLu.indexOf("aulas")!==-1){
             console.log("Hi aules en la matriu ");
        }else{
             console.log("No hi ha aules en la matriu");
        }
    }
```

RESULTAT 3:

```
    Hi valor
    L'element que es troba a la posició 0 de la matriu és un string
    Hi aules en la matriu
```

Exercici 24. Crear un prototip

Crear un prototip (nombreAlumno, Edat, Sexe, estudis ["ESO", "SMR", "BATXILLERAT"] ia més amb una funció tancament o pany, que es trobi dins d'un prototip ia més que la funció pany contingui les propietats, algunes com a conseqüència del càlcul de valors (notaMediaESO = 5, Moda = 7, FrecuenciaModa = 3). Els valors es troben emmagatzemats en una var MatrizNotas []. Crear el prototip i fer una instància a valors amb un alumne i 5 notes.

Definició d'una funció: No és un prototype

```
    <script>
       function Alumne(nom, edat, sexe, estudis){
            this.nombre=nom;
            this.edad=edat;
            this.sexo=sexe;
            this.estudis=estudis;
       }
       var matriuNotes=['1','2','3','4','5','6','7','8','9','10'];
       var x = new Alumne('Alberto','20','Home','Batxillerat');
    </script>
```

Exercici 25: Crear un prototip a partir de les dades d'un alumne

Nom i 2 cognoms.

- Data de naixement.
- Estat Civil. (S | C | V | P | O).
- DNI mètode per validar-lo, utilitzant l'algoritme de validació de les lletres.

Crear un prototipo con un array que contenga los modulos de DAW 2º y un segundo array con tres propiedades (primeraEv, segundaEv, terceraEva) especificar el tipo de datos Number.

- Crear tres métodos de encapsulación para creación y de lectura de las propiedades primeraEv, segundaEv, terceraEva.

Crear un prototip amb un array que contingui els mòduls de DAW 2n i un segon array amb tres propietats (primeraEv, segundaEv, terceraEva) especificar el tipus de dades Number.

a) Les dades del prototip.
b) Les dades de l'objecte.

SOLUCIÓ 1:

```
function dadesAlumne(nom,cognom1,cognom2,dataNaixe,estatCivil,dni){
        this.nom = nom;
        this.cognom1 = cognom1;
        this.cognom2 = cognom2;
        this.dataNaixe = dataNaixe;
        this.estatCivil = estatCivil;
        this.dni = validaDNI(dni);
    }

    function validaDNI(dni){
        var num
        var letr
        var lletra
        var expresion_regular_dni = /^\d{8}[a-zA-Z]$/;
        if(expresion_regular_dni.test (dni) == true){
            num = dni.substr(0,dni.length-1);
            letr = dni.substr(dni.length-1,1);
            num = num % 23;
            lletra='TRWAGMYFPDXBNJZSQVHLCKET';
            lletra=lletra.substring(num,num+1);
            if (lletra!=letr.toUpperCase()) {
                return false;
            }else{
                return dni;
            }
        }else{
            return false;
        }
    }
    var nom = prompt("Introdueix nom: ");
    var cognom1 = prompt("Introdueix 1° cognom: ");
    var cognom2 = prompt("Introdueix 2° cognom: ");
    var dataNaixe = prompt("Introdueix data de naixement: ");
    var estatCivil = prompt("Introdueix estat civil: ");
    var dni = prompt("Introdueix DNI: ");
    while (validaDNI(dni) == false){
        alert("dades incorrectes.");
        var dni = prompt("Introduce dni: ");
    }
    var mevesDadesAlumne = new dadesAlumne(nom,cognom1,cognom2, dataNaixe,
    estatCivil,dni);
    console.log(mevesDadesAlumne);
```

SOLUCIÓ 2:

```
function validarDNI(dni) {
   'use strict';
   var dniValgut = true;
   if (dni.length !== 9) {
       dniValgut = false;
   } else {
       var caracters = "TRWAGMYFPDXBNJZSQVHLCKE";
       var lletra = dni.substr(8);
       var lletraDNI = caracters.charAt(dni.substr(0, 8) % 23);
```

```
            if (lletra !== lletraDNI) {
                dniValgut = false;
            }
        }
        return dniValgut;
}


function Alumne(nom,cognom1,cognom2,dataNaixe,estatCivil,dni) {
    'use strict';
    this.nom=nom;
    this.cognom1 = cognom1;
    this.cognom2 = cognom2;
    this.dataNaixe = dataNaixe;
    this.estatCivil = estatCivil;
    if (validarDNI(dni)) {
        this.dni = dni;
    }
}

var dadesAlumne = new Alumne("Sevita", "Hernández", "Moran", "03-01-1991", "S",   function
validarDNI(dni) {
    'use strict';
    var dniValgut = true;
    if (dni.length !== 9) {
        dniValgut = false;
    } else {
        var caracters = "TRWAGMYFPDXBNJZSQVHLCKE";
        var lletra = dni.substr(8);
        var lletraDNI = caracters.charAt(dni.substr(0, 8) % 23);
        if (lletra !== lletraDNI) {
            dniValido = false;
        }
    }
    return dniValgut;
});
var alumne = new Alumne("Alberto", "Martin", "Gonzalez", "07-02-1969", "S", "12345678Z");
```

Exercici 26: Donats 3 nombres sencers mostrar el major, menor.

Se sol·liciten 3 nombres per teclat i com a resultat mostra el major i el menor dels nombre introduïts, es pot realitzar de diferents formes:

SOLUCIÓ 1:

```
        var numero1 = prompt("Introduïu nombre 1: ");
        var numero2 = prompt("Introduïu nombre 2: ");
        var numero3 = prompt("Introduïu nombre 3: ");

        numero1=parseInt(numero1);
        numero2=parseInt(numero2);
        numero3=parseInt(numero3);
        if (numero1 == numero2 && numero1 == numero3){
            document.write("Nombre 1, Nombre 2 i Nombre 3 són iguals! i el seu valor :
            "+numero1+"");
        } else{
            if (numero1 > numero2){
                if (numero1 > numero3){
                    document.write("Numero 1 és Major i val: "+numero1+"");
                }else{
                    document.write("Numero 3 és Major i val: "+numero3+"");
                }
            } else{
                if(numero1 < numero2){
                    if (numero2 > numero3){
                        document.write("Numero 2 és Major i val: "+numero2+"");
                    }else{
                        document.write("Numero 3 és Major i val: "+numero3+"");
                    }
                }
            }
        }
        document.write("<br />"+"Numero 1 = "+numero1+"<br />"+"Numero 2 = "+numero2+"<br
        />"+"Numero 3 = "+numero3);
```

SOLUCIÓ 2:

Es pot utilitzar Math.max (numero1, numero2) i Math.min (numero1, numero2). Per obtenir el màxim i el mínim de dos nombres.

Exercici 27: Calcular el NIE

El nombre d'identitat d'estranger, més conegut per les seves sigles NIE és, a Espanya, un codi que serveix per a la identificació dels no nacionals. Està compost per una lletra inicial, set dígits i un caràcter de verificació alfabètic. La lletra inicial és una X per NIEs assignats abans de juliol de 2008 i una I per NIEs assignats a partir d'aquesta data. Un cop esgotada la sèrie numèrica de l'I la norma preveu que s'utilitzi la Z.

Per calcular la lletra final d'aquest número, se substitueix la primera lletra pels següents valors X = 0, I = 1, i Z = 2 i amb aquesta substitució feta es fa el mateix procés que per calcular la lletra del DNI.

> *Array* **associatius**
> S'utilitzen claus {} per a generar el array d'elements clau:valor
> a) Definir i després assignar
>   **var coche = new Array();**
>   **coche["marca"] = "skoda";**
>   **coche["modelo"] = "octavia";**
> b) Definir i assignar
>   **var coche = {"marca":"skoda","modelo":"octavia"};**
> c) Podeu desar dades de qualsevol tipus (JS és un llenguatge dèbilment tipat).
> **var coche = {"marca":"skoda","modelo":"octavia","CV":100,"AC":true};**
> **Accés a les dades del Array Associatiu.**
> a) Accedim amb la clau.
>   **var dato = coche["color"];**
> b) Es pot recorre un bucle per índex
>   **for (var clave in coche) {**
>   **document.write(clave+": " +coche[clave]);}**

[ORDRE INT/2058/2008, de 14 de juliol, per la qual es modifica l'Ordre del Ministre de l'Interior de 7 de febrer de 1997, per la qual es regula la targeta d'estranger, pel que fa al nombre d'identitat d'estranger].

Exemple: Per al següent NIE: Z1234567 se substitueix la Z per 2 quedant: 21.234.567 dividit entre 23 té com a resta 1 pel que la lletra d'aquest NIE seria la R. El NIE seria Z1234567R.

```
function lletraDni(numero) {
        return "TRWAGMYFPDXBNJZSQVHLCKET".substr(numero % 23, 1)
}
function lletraNie(cadena){
        switch (cadena.substr(0,1).toUpperCase()){
                case "X": numero="0"+cadena.substr(1,cadena.len);
                        break;
                case "Y": numero="1"+cadena.substr(1,cadena.len);
                        break;
                case "Z": numero="2"+cadena.substr(1,cadena.len);
                        break;
                default:
                        return("ERROR: lletra no admesa")
        }
        return  (lletraDni(numero));
}
console.log(lletraNie((prompt())));
```

<u>SOLUCIÓ:</u>

X1234567	L
Y1234567	X
Z1234567	D

Exercici 28: Trobar el mínim comú múltiple de dos nombres mcm (a, b) amb arrays.

Exemple típic per a trobar el m.c.m. (12,8)= 24

$12/2=6$; $6/2=3$; $3/3=1$ => $12 = 2^2 \times 3$

$8/2=4$; $4/2=2$; $2/2=1$ => $8= 2^3$

m.c.m. = $2^3 \times 3 = 8 \times 3 = 24$

PAS 1: Crear la funció calculat (dada).

Es una funció preveia de prova anomenada calcu (dada), se li passa una valor per la variable dada. El bucle for comença en el valor 2 fins al valor de la dada, es comprova si el valor dada és divisible per i si la resta és zero, el valor és divisible sinó s'incrementa el nombre, si és divisible el valor del quocient passa a ser el següent valor de l'anomenada així mateixa.

```
function calcu(dada){
    for (i=2;i<= dada;i++){
        if (dada % i == 0){
            console.log(i);
            dada= dada/i;
            calcu(dada);
            break;
        }
    }
}

var x=parseInt(prompt("Dóna'm un nombre"));
calcu(x);
```

PAS 2: Trobar tots els divisors d'u n nombre amb la seva repetició. Obtenir l'exponent.

La funció **misDivi(miArr)**, aquesta funció rep un array amb tots els divisors del nombre. Aquesta funció tracta d'optimitzar els divisors, donant com a resultat un array **return arrCorre** amb el contingut resultant d'aquest array és l'índex correspon al nombre divisible i el valor de l'índex d'aquest número és l'exponent.

L'objectiu de la funció **misDivi (miArr)**, és recorre la funció entrant, comprovar el nombre de vegades que es repeteix un divisor i emmagatzemar-lo en una matriu **arrCorre[i]**, i serà el divisor el valor que se li assignarà **compte**, aquesta variable contindrà el nombre de vegades que es repeteix el divisor, és a dir l'exponent.

Inicialment s'utilitza un bucle que recorre tots els elements de l'array **miArr**.

Problemes que es plantegen en recórrer el bucle d'elements.

- Que la primera vegada que aprece un divisor, cal recórrer de nou tot l'array a partir de l'element actual fins al final per comptar el nombre de vegades que apareix el divisor, ho solucionem utilitzant la variable compte.
- Cada vegada es llegeix un nou element s'inicialitza a zero la variable compte. S'utilitza el valor compte = 0, perquè es recorre el bucle des del primer valor a l'últim.
- Recórrer el bucle intern j es torna a recórrer tots els elements del bucle miArr, amb l'objectiu de comparar
    ```
    if ((i==j)
    ```
    i correspon al valor a comparar i j és el valor amb el qual es compara, ex. Si i = 2, es recorre el bucle d'elements comparant amb j, si i = 2 i j = 2 és certa la condició s'explica un element incrementant compte ++,
- Hi ha errors en les comparacions i s'observa que cal comparar només amb els elements de l'array inicial, per a això ens recolzem en un nou array amb valors lògics, si la matriu no està definit l'índex actual o l'índex no estigués inicialitzat tot valor , vam crear un nombre element a la matriu lògic i el posem a true. Si el valor ja està definit perquè s'ha realitzat alguna assignació prèvia la condició és falsa, amb la qual cosa quan es recorri l'array la comparació interna del bucle j no es realitzarà i s'ignora.
    ```
    if (isNaN(arrCorre[i])){
        arrRecorre[i]=true;
    } else{
        arrRecorre[i]=false;
    }
    ```
    Si el valor arraCorre [i] no és un nombre, això impedeix que es compti i porti a errors. També facilita que quan torni aparex per ex. El valor i = 2, si ja es va recórrer inicialment i s'ha extret l'exponent, perquè no es repeteixi l'exponent utilitzem un array auxiliar amb valors lògics, quan aparegui de nou el valor s'ignorarà en la condició.
    ```
    if ((i==j) && arrRecorre[i]){
        cuenta++;
    }
    ```
    D'aquesta manera només comptem el nombre de vegades que apareix un nombre la primera vegada, el arrRecorre [i], quan s'assigna la primera vegada passa a false. Això impedeix que es torni a assignar el valor a un índex a assignat.
- L'última condició, si és certa el valor.
    ```
    if (arrRecorre[i]) {
    ```

```
                arrCorre[i]=cuenta;
                arrRecorre[i]=false;
                console.log(arrCorre[i]+"   "+i);
                document.write(arrCorre[i]+"   "+i+"<br>");
        }
```

Si l'array arrCorre[i] no contenia valor s'assigna el nombre de vegades que apareix, o l'exponent, amb la variable compte.

S'inicialitza la el arrRecorre[i] a false. En principi no cal, i es visualitzen els resultats en la consola i en el document actual

```
function misDivi(miArr){
        let   arrCorre= new Array();
        let   arrRecorre= new Array();
        document.write("<h1> Descompondre el nombre </h1><br>");
        for (i of miArr){
        if (isNaN(arrCorre[i])){
                        arrRecorre[i]=true;
                } else{
                arrRecorre[i]=false;
                }
                cuenta=0;
                for(j of miArr){
                        if ((i==j) && arrRecorre[i]){
                            cuenta++;
                        }
                }
                if (arrRecorre[i]) {
                        arrCorre[i]=cuenta;
                        arrRecorre[i]=false;
                        console.log(arrCorre[i]+"   "+i);
                        document.write(arrCorre[i]+"   "+i+"<br>");
                }
        }
        return arrCorre;
}
```

PAS 3: Llegeix dos nombres i s'obté els nombre divisibles, s'emmagatzemen els resultats en una matriu..

Es llegeixen els valors i es converteix nombre sencers, (el resultat de la funció prompt () és una cadena). Es diu a la funció calculat (x), es passa el valor introduït i posteriorment es torna un array amb la descomposició en els divisors del nombre, el resultat es recull en l'array **sortida1**, **sortida2**.

```
var x=parseInt(prompt("Dóna'm un nombre "));
sortida1=calcu(x);
var cuenta=0;
var r1= new Array();
var y=parseInt(prompt("Dóna'm el segon nombre "));
sortida2=calcu(y);
```

PAS 4: Passar-els divisors de cada nombre i obtenir una matriu amb el nombre i l'exponent.

Es defineixen dos nou 2 arrays salida11 i la sortida 12, un tercer array resultat.

-   **sortida11**: emmagatzemarà com a índex el divisor i com a valor l'exponent del primer número.
-   **sortida12**: emmagatzemarà com a índex el divisor i com a valor l'exponent del segon número.
-   **resultat**: Almàssera com a índex els divisors comuns o no dels dos nombre i com a exponent el més gran dels que coincideixin

```
var sortida11=new Array();
var sortida12=new Array();
var resultat= new Array();
var sortida11=misDivi(sortida11);
var sortida12=misDivi(sortida2);
```

PAS 5: Es recorre els dos arrays per obtenir el major dels nombres que es repeteixen.

Es recorre el primer array, per cada element de l'array **sortida11**, es comprova si hi ha algun igual en la **sortida12** i es pren el més gran dels dos elements i es s'assigna al array resultat, en la mateixa posició que l'índicd i el valor és el més gran dels dos, ($indice^{Exponente}$), partim que ell índex és la base i el valor l'exponent.

```
for (i in   sortida11){
   resultat[i]=sortida11[i];
   for (j in sortida12){
      if (i == j){
        ((sortida11[i]>=sortida12[j]) ? resultat[i]=sortida11[i]: resultat[i]=sortida12[j]);
      }
   }
}
```

Amb aquest bucle només hem obtingut el nombre d'elements coincidents, entre els dos array i ens no coincidents entre els dos arrays que només es troben en el primer array, es realitza en l'assignació.

```
resultat[i]=sortida11[i];
```

PAS 6: Es recorre l'array la sortida12 i assignar els divisors que no són comuns amb l'array sortida11.

Es recorre el nombre d'elements que conté l'array la **sortida12** i per mitjà d'un flag igual, es recorre l'array resultat del pas 5, i si el nombre coincideix se surt del for per mitjà break, en finalitzar el bucle sinó s'ha produït cap ruptura, si es va arribar al final, la variable **igual = true**, llavors s'analitza el valor de la variable i s'agrega l'element la **sortida12[i]** a l'array resultat [i], ja que aquest divisor no és comú al primer número, però si és divisible en el segon nombre i no s'havia agregat.

```
for (i in  sortida12){
        var igual=true;                       // controla si existeix o no en la matriu
        for (j in resultat){
            if (i == j){
                    igual=false;
                     break;
                }
        }
        if (igual){
            resultat[i]=sortida12[i];
                //igual=true en la matriu no existeix aquest element
        }
}
```

PAS 7: Visualitzar el contingut dels divisors M.C.M.

Es visualitzar dos missatges de sortida a consola i en el document actual.

```
console.log("Visualitzar el resultat de la matriu ");
document.write("Visualitzar el resultat de la matriu "+"<br>");
```

Aquest bucle recorre els elements que forma **base^{exponent}** la base és l'índex de l'array i, l'exponent és **resultat [i]**

$$i^{resul[i]}$$

```
for (i in resultat){
    console.log(resultat[i]+ "    "+i);
    document.write(resultat[i]+ "     "+i+"<br>");
}
```

PAS 8: Visualizar el M.C.M. de los dos números leídos.

Es defineix una variable amb valor a 1, com acumulador dels resultats del bucle, que ens donarà el valor final de l'M.C.M.

Es recorre el bucle resultat, s'obté la base i l'exponent i es calcula el m.c.m, per això s'utilitza Math.pow (base, resultat [base]) sabent que **base$^{resutatl[base]}$**

```
var valorFin=1;

for (base in resul){
  valorFin=valorFin* Math.pow(base, resul[base]);
  console.log(Math.pow(base,resul[base]));
 //document.write((Math.pow(base,resul[base]))+"<br>");
}
console.log("m.c.m. "+valorFin);
document.write("<h3>m.c.m. ("+x+","+y+") :"+valorFin+"</h3>");
```

CODI RESULTANT:

```
var cuenta=0;
var r1= new Array();

function calcu(dato){
  for (i=2;i<= dato;i++){
      if (dato % i == 0){
          // console.log(i);
            r1[cuenta]=i;
            dato= dato/i;
            cuenta++;
            calcu(dato);
            break;
      }
  }
  return r1;
}
```

```
function misDivi(miArr){
    let  arrCorre= new Array();
    let  arrRecorre= new Array();
    document.write("<h1> Descompondre el nombre </h1><br>");
       for (i of miArr){
       if (isNaN(arrCorre[i])){
          arrRecorre[i]=true;
       } else{
          arrRecorre[i]=false;
       }
       cuenta=0;
       for(j of miArr){
          if ((i==j) && arrRecorre[i]){
             cuenta++;
          }
       }
       if (arrRecorre[i]) {
           arrCorre[i]=cuenta;
           arrRecorre[i]=false;
           console.log(arrCorre[i]+"   "+i);
           document.write(arrCorre[i]+"   "+i+"<br>");
       }
    }
    return arrCorre;
}


var x=parseInt(prompt("Dóna'm un nombre"));
salida1=calcu(x);

var cuenta=0;
var r1= new Array();
var y=parseInt(prompt("Dóna'm el segon número "));
salida2=calcu(y);
console.log("primer número:"+x);
var salida11=new Array();
var salida12=new Array();

var resul= new Array();
var salida11=misDivi(salida1);
var salida12=misDivi(salida2);

for (i in  salida11){
    resul[i]=salida11[i];
        for (j in salida12){
            if (i == j){
                 ((salida11[i]>=salida12[j]) ? resul[i]=salida11[i]:
resul[i]=salida12[j]);
              }
        }
}
for (i in  salida12){
    var igual=true;    // controla si existeix o no en la matriu
       for (j in resul){
            if (i == j){
                 igual=false;
                    break;
            }
       }
       if (igual){
             resul[i]=salida12[i];
             // igual=true  en la matriu no existeix aquest element
       }
}


var valorFin=1;
console.log("visualitzar el resultat de la matriu");
document.write("visualitzar el resultat de la matriu"+"<br>");
for (i in resul){
   console.log(resul[i]+ "    "+i);
   document.write(resul[i]+ "    "+i+"<br>");
}
```

Descompondre el nombre

4 2

1 3

1 41

Descompondre el nombre

1 11

1 179

visualitzar el resultat de la matriu

4 2

1 3

1 11

1 41

1 179

m.c.m. (1968,1969) :3874992

Exercici 29: Trobar el m.c.m. (a, b), a partir m.c.d. (a, b).

S'utilitza el *exercici 7* Trobar el mínim comú divisor d'un nombre MCD (a, b), Unitat de Treball 1. Es va utilitzar l'algoritme d'Euclides, (L'algorisme d'Euclides és un mètode antic i eficient per calcular el màxim comú divisor (MCD)). I a partir d'ell s'obté m.c.m.

$$m.c.m. = \frac{A \times B}{m.c.d}$$

```
function mcdNumero(a,b){
        while (a!=b){
                if  (a>b){
                        a=a-b;
                }else{
                        b=b-a;
                }
        }
        console.log(a);
        return a;
}
var   n1=parseInt(prompt("dóna'm el primer número "));
var   n2=parseInt(prompt("dóna'm el segon número "));
var result=mcdNumero(n1,n2);
document.write("El m.c.m ("+n1+","+n2+") :"+((n1/result)*n1));
```

El m.c.m (125,625) :125

El m.c.m (1968,1969) :3873024

Exercici 30. Calcular els cinc nombre de la primitiva

Es defineix una funció que generi valors aleatoris, els valors aleatoris es passen per a la funció i es rep com num. S'utilitza el mètode .ceil (), multiplicant pel nombre.

```
function valorAleatorio(num){
        return Math.floor((Math.random()*num)+1);
}
```

Si s'utilitzarà floor s'agregaria més +1.

```
function valorAleatorio(num){
        return Math.ceil((Math.random()*num));
```

```
        }
```
Es defineixen les següents variables com globals i se li assignen una inicialització.
```
    var A=new Array();   // Es defineix una matriu com a constructor d'un array.
    var aux, cuenta;     // Definició de les variables aux, compta com a variables globals
    aux=0;               // inicialització de les variables globals.
    cuenta=0;
    numquiero=5;         // Inicialització de variables locals, per a pas de paràmetres.
    limitenumero=49;
```
La funció analitza comprova si el nombre que ha sortit aleatòriament, es troba ja dipositat a la matriu A [], per a això es recorre el Array fins l'índex que el nombre que controla els elements introduïts en el Array. Si el nombre introduït coincideix, es surt la funció retornant *true*.
```
    function analitza(cuen){
        for (i=0; i<cuen;i++){
            if(A[i]===aux){
                    document.write(A[i]+" "+aux+"<br>");
                console.log(A[i]+" "+aux);
                return true;
            }
        }
        return  false;
    }
```
En el supòsit que hi hagi nombres aleatoris repetits, es mostra *document.write (A [i] + "" + aux + "a");*

El valor de sortida de **analitza()** és true si hi ha valor aleatori a la matriu, false si no hi ha en l'array, s'analitza en la condició resultant si n'hi ha, es produeix l'execució de continue i salta de nou al principi del bucle sense que es produeixi cap increment de la variable **compte**, es repeteix de nou la sol·licitud d'un altre nombre i així successivament, fins a completar el nombre numquiero.
```
    while (compte<numquiero) {
      if (compte==0){
          A[cuenta]=valorAleatorio(limitenumero);
      } else  {
          aux=valorAleatorio(limitenumero);
          if (analitza(compte)){ continue;
          } else{ A[compte]=aux;
          }
      }
      compte++;
    }
```
Visualitzar el contingut en l'array dels numquiero, aleatoris sol·licitats, en un marge **limitenumero**.
```
    for (i=0;i<numquiero;i++){
        console.log(A[i]);
        document.write(A[i]+"<br>");
    }
```

Exercici 31. Calcular els cinc nombre de la primitiva i de la Euromilió.

Es crea la funció **primitiva(numquiero, limitenumero) {}**, es passa dos paràmetres *numquiero*, com el nombre de valors aleatoris a sol·licitar, i limitenumero és el nombre total de valors aleatoris possibles.
```
    function primitiva(numquiero,limitenumero){
    //    numquiero =5 - 2, limitenumero= 49 - 50
    aux=0;
    cuenta=0;
    while (cuenta<numquiero) {
      if (cuenta==0){
          A[cuenta]=valorAleatorio(limitenumero);
      } else  {
          aux=valorAleatorio(limitenumero);
          if (analiza(cuenta)){ continue;
          } else{ A[cuenta]=aux;
          }
      }
      cuenta++;
    }
    for (i=0;i<numquiero;i++){
        console.log(A[i]);
        document.write(A[i]+"<br>");
    }
    }
    var A=new Array();
```

```
var aux, cuenta;
document.write("Primitiva  <br>");


primitiva(5,49);
document.write("Euromillón  <br>");
primitiva(5,50);
document.write("Complementaris  <br>");
primitiva(2,12);
```

RESULTAT:

Primitiva
18 18   ← quest valor es repeteix una vegada
37
35
18
47
26
Euromillón
6 6
40
6
29
27
9
Complementaris
11
7

ACTIVITATS D'AMPLIACIÓ

1. Diferències entre una funció anitat i una funció imbricada tipus closure.
2. Enumereu les diferents formes de definir una funció.
3. Usant la consola de Firebug. Implementa les operacions típiques de suma, resta i multiplicació. Mitjançant funcions niades.
4. Creeu un array amb els mesos de l'any, ordeni dit array i mostri el resultat per la consola de Firebug.
5. Si partim del següent array, [4,0,3,, 4,7,3,5,8,1,8,8,0,2,3,1,2,5,7,3,2, 5,1], creï un nou array amb els elements de l'array original sense repetir i ordenat.
6. Si partim del següent array, [4,0,3,4,7, 3,5,8,1,8,8,0,2,3,1,2,5,7,3,2,5 , 1], identifiqui les posicions ocupades per el valor 3 sense necessitat de recórrer tots els elements.
7. Si partim del següent array, [4,0,3,4,7, 3,5,8,1,8,8,0,2,3,1,2,5,7,3,2,5 , 1], ordeni els seus valors de manera que ocupin les primeres posicions dels elements parells.
8. Un array és:
   a) Un tipus de funció en JavaScript.
   b) Un objecte intern.
   c) Un objecte d'una llibreria externa.
   d) Un tipus de dada primitiu.
9. Quin dels següents objecte no pot ser creat mitjançant new?
   a) Date.
   b) Math.
   c) String.
10. Com emmagatzema JavaScript les dates en un objecte Date?
    a) El nombre de milisegons d'1 de gener de a 1970.
    b) El nombre de dies d'1 de gener de de 1900.
    c) El nombre de segons d'1 de gener a 1970.
11. Quin és el rang de nombres aleatoris generats per la funció Math.random?
    a) Entre 1 i 199.
    b) Entre 1 i el nombre de milisegons d'1 de gener de a 1970.
    c) Entre 0 i 1.
12. Pot un objecte tenir una propietat la qual representi al seu torn a un altre objecte? Si és possible. L'objecte que representa la propietat es denomina objecte fill. Un exemple d'aquest tipus d'estructures és **_windows.location_**
13. Pot un objecte de JavaScript tenir propietats que al seu torn continguin com a valor un altre objecte? exemple Widnows.history
14. L'objecte Math posseeix propietats o constants?
15. Compti el nombre de lletres a al següent text: "Capítol vuitena del bon succés que el valerós el Quixot va tenir en el espantable i mai imaginava aventura dels molins de vent amb altres successos dignes de felice recordació".
16. Creeu una funció que permeti realitzar el càlcul de la nòmina. La funció des rebre com a paràmetre el salari brut anual, la retenció a aplicar i el nombre de pagues. El resultat retornat per la funció serà el salari mensua.
17. Simuli mitjançant l'ús de closure el funcionament d'un caixer automàtic. El caixer haurà de proveir la següent funcionalitat: consultar el saldo disponible, realitzar el seu ingrés i extreure diners facilitant en totes aquestes operacions el codi PIN.
18. Crear una estructura de decisió que permeti identificar la talla d'una peça de roba a partir de les talles europees. Els valors possibles de les talles europees serien XXL, XL, L, M, XS, S i les talles esperada seria Gran, Mitjana, Petita. Gran = {XXL, XL, L}, Mitjana = {M}, Petita = {XS, S}
19. Definiu una funció en on independentment del nombre de paràmetres rebuts realitza les següents accions:
    a) Mostri per consola el nombre total de paràmetres rebuts.
    b) En el cas de rebre més de 2 paràmetres, intercanviar els valors del primer i tercer paràmetre, mostrant els valors de l'abans i després en la consola.
20. Enumerar algunes propietats i mètodes d'Array.
21. Definir una matriu.
22. Què és una matriu associada?
23. Defineix un objecte boolean dins de prototip.

24. En què unitat treballen els mètodes Dóna't.
25. Enumera dos tipus de dades numèriques.
26. Propietats que té l'objecte Number.
27. Quan puc aplicar isNaN (x) a Number.
28. Què comprovo amb valueOf (x).
29. Què retorna A4.toString ()?
30. Si tinc A2 = 3.456023 i visualitzo console.log (A2.toPrecision (3)); Quin resultat em dóna?
31. Si definim: MisDatos = "Desenvolupament d'Aplicacions Web al costat client", i vam consultar:
    document.write(MisDatos.anchor()); document.write(MisDatos.big());
    document.write(MisDatos.blink()); document.write(MisDatos.charAt(3));
    document.write(MisDatos.fixed()); document.write(MisDatos.fontcolor("white"));
    document.write(MisDatos.fontsize(3)); document.write(MisDatos.lastIndexOf("Web",4));
    document.write(MisDatos.small()); document.write(MisDatos.toLowerUpper());
    document.write(MisDatos.toUpperCase());
32. Utilitzant l'objecte primitiu Math, com calcularíem:
    a) El valor absolut d'un nombre.
    b) Calcular l'arc tangent d'un angle.
    c) A partir de dos punts (x, y) tornar el angle respecte a l'arc tangent d'aquesta posició.
    d) Retornar el nombre arrodonit per sota.
    e) Retornar el logaritme neperià d'un nombre.
    f) Dades dos nombres obtenir el màxim i el mínim.
    g) Com obtindríem un valor aleatori entre 0 i 1000. I entre 1-1000.
    h) Quin és el mètode per obtenir l'arrodoniment del nombre enter més proper.
    i) Com càlcul amb un mètode l'arrel quadrada de 625.
    j) Com càlcul el sinus, el cosinus i la tangent d'(pi / 4) i ((3 * PI) / 2)
33. Una funció ha de retornar obligatòriament alguna cosa en JS.
34. Es pot realitzar la ruptura de funcionament d'un bucle i d'una funció.
35. Una funció obligatòriament es pot definir en una sola línia function contesta () return {(valorLeido == true)? true: false)}
36. Se puede realizar una expresión de una función a una variable.
37. Como defino una función con un constructor.
38. Qué es una función auto-invocada. Como se construye, como se llama, pon un ejemplo.
39. Para que se utilizan las sentencias new y constructor.
40. ¿Qué es un prototipo?
41. ¿Cualquier objeto puede ser un prototipo?
42. ¿Qué objetivo tiene el uso de un prototipo?
43. Cuál es la estructura que tiene un prototipo?
44. ¿Cómo se definen propiedades solo locales ("privadas a ese objeto"),
45. ¿Qué utiliza this?
46. ¿Cómo agrego una propiedad a un prototipo una vez que ya cree el prototipo?
47. ¿Cómo agrego nuevos métodos a un prototipo ya existente?
48. ¿Crea un prototipo básico y asignarlo a un objeto?
49. ¿Cuándo utilizo una función Anidada? ¿Se puede utilizar dentro de un método?
50. ¿Qué se entiende por función closure, cierre o cerradura?
51. ¿Qué es el espacio de nombre, recibe otro nombre?
52. Diferencia entre espacio de nombre y sub-espacio de nombres.
53. Què significa:
    a) ({}.prototype)
    b) (function (){
            })();
    c) {
        let dato= 5;
            {
                    let s1= dato+6;
            }
            console.log(dato+" "+s1);

        }
54. Què expressa: [[Prototype]], .__proto__
55. Enumera les tres formes de crear un nou mètode, en un prototip.
56. Herència dels prototips es caracteritza per.
57. Com realitzo l'encapsulació amb prototips.
58. Què és una instància?
59. Definir que és polimorfisme.
60. Crear un exemple de polimorfisme amb un prototip.
61. Com vam realitzar l'extensió d'un objecte.
62. Posa un exemple utilitzant els següents operadors: in, instanceof, new, this, typeof, void.
63. Les Excepcions en JavaScript es poden gestionar: Quines són les sentències.
    a) Trencant el control d'execució.
    b) Analitzant cert codi i es produeix un error que s'executi una excepció.
    c) Analitzant cert codi i es produeix un error que s'executi una excepció i continuar executant cert codi independentment que s'hagi executat l'excepció o no.

UNITAT DE TREBALL 5

Exercici 1. Formulari JS per validar el contingut.

Exercici 2. Crear un formulari que demana dades d'alta.

Exercici 3. Realitzar una petició mitjançant el mètode GET.

Exercici 4. Formulari de pretición o Subscripció a un canal de premsa.

Exercici 5. Formulari validació targeta gràfica.

Exercici 6. Triar entre aquestes targetes de crèdit per a realitzar pagaments.

Exercici 7. Validació dels camps d'un formulari formulari.

Exercici 8. Disseny de formularis.

Exercici 9. Com recuperar un dígit perdut d'un número de targeta?

Exercici 10. Validar una expressió regular escrita en un formulari.

Exercici 11. Creació d'una expressió regular (TEORIA).

Exercici 12. Validació de Formulari.

Exercici 13. Llista d'expressions regulars.

Seleccionar un tipus de targeta:
Mastercard ∨
Nombre de la targeta:
5105105105105100   Tot correcte
Enviar   Cancel

MASTERCARD = /^5[1-5][0-9]{2}-?[0-9]{4}-?[0-9]{4}-?[0-9]{4}$/;

Exercici 1. Formulari JS per validar el contingut.

Un ús habitual de JavaScript amb formularis és usar estigui habilitat per a validar que el contingut introduït pels usuaris sigui vàlid. Crea un formulari que consti de cinc camps: nom, cognoms, email, ciutat i país. Usant l'esdeveniment onsubmit, es desitja realitza la validació per:

a) Comprovar que en el moment de l'enviament cap dels camps té menys de dos caràcters (és a dir, si està buit, conté una lletra o dues lletres es considerarà no vàlid) accedint als camps mitjançant document.forms i elements.

b) Igual que l'apartat a) però accedint als camps directament usant l'atribut name (per exemple formularioContacto.apellidos faria al·lusió a un element input l'atribut name és cognoms en un formulari l'atribut name és formularioContacto).

SOLUCIÓ 1:

```
<body>
    <form name="formulari" action="#" method="post" id="formulari" >
        <label for="nombre">Nom y Cognom</label>
        <input type="text" name="nombre"/>
        <select>
            <option value="-">-</option>
            <option value="1°">1°</option>
            <option value="2°">2°</option>
            <option value="3°">3°</option>
            <option value="3°">4°</option>
        </select>
        <label for="anyo">Any</label>
        <input type="date" name="anyo"/>
        <input type="submit" name="enviar" value="Enviar" onclick="validar();"/>
    </form>
    <div id="texto"></div>
</body>
<script>
function validar(){
        var longitud = document.forms.formulari.elements.length-1;
        var formulari = document.forms.formulari;
        var hoy= new Date();
        var fechaform=new Date(formulario.elements[2].value);
        console.log(fechaform);
        console.log(hoy);
        if(formulari.elements[1].value=="3°"
        formulari.elements[1].value=="4°"){
            document.write("Valor no admès");
        }
        if(fechaform>hoy){
            document.write("Dades no valida");
        }
    }
</script>
```

SOLUCIÓ 1:

Nom [   ] Cognoms [   ] Email [   ] Ciutat [   ] Pais [   ] [Enviar]

Nom [A] Cognoms [S] Email [sSS] Ciutat [SSSSS] Pais [asdfasdfaf] [Enviar]

> Incluye un signo "@" en la dirección de correo electrónico. La dirección "sSS" no incluye el signo "@".

Nom [   ] Cognoms [S] Email [datos@uno.es] Ciutat [SSSSS] Pais [España] [Er

Error: El camp nom no és valit

Exercici 2. Crear un formulari que demana dades d'alta.

Crear un formulari que sol·liciti les dades d'alta d'un nou alumne al centre. Les dades que ha de sol·licitar seran:

- Nom i cognoms.
- Titulació en què es matricula, es presentés com un desplegable.
- Curs, s'inclouran cursos de 1r a 4t
- Any acadèmic.

Per realitzar les següents validacions abans de realitzar l'enviament de dades: Un cicle formatiu només té dos cursos acadèmics, no s'admet un valor per a l'any acadèmic més gran que l'actual.

SOLUCIÓ 1:

```
<body>
    <form name="formulari" action="#" method="post" id="formulari" >
            <label for="nombre">Nom y Cognom</label>
            <input type="text" name="nombre"/>
            <select>
                    <option value="-">-</option>
                    <option value="1°">1°</option>
                    <option value="2°">2°</option>
                    <option value="3°">3°</option>
                    <option value="3°">4°</option>
            </select>
            <label for="anyo">Any</label>
            <input type="date" name="anyo"/>
            <input type="submit" name="enviar" value="Enviar"
            onclick="validar();"/>
    </form>
    <div id="texto">
    </div>
</body>
<script>
    function validar(){
            var longitud = document.forms.formulari.elements.length-1;
            var formulari = document.forms.formulari;
            var hoy= new Date();
            var fechaform=new Date(formulario.elements[2].value);
            console.log(fechaform);
            console.log(hoy);
            if(formulari.elements[1].value=="3°" ||
            formulari.elements[1].value=="4°"){
                document.write("Valor no admès");
            }
            if(fechaform>hoy){
                document.write("Dades no valida");
            }
    }
</script>
```

RESULTAT 1:

Nom y Cognom `alumn` `2° ▼` Any `13/12/2018 × ▲▼` `Enviar`

Nom y Cognom `alumn` `2° ▼` Any `31/mm/aaaa × ▲▼` `Enviar`

febrero de 2019 ▼					◄ ● ►		
lu.	ma.	mi.	ju.	vi.	sá.	do.	
28	29	30	31	1	2	3	
4	5	6	7	8	9	10	
11	12	13	14	15	16	17	
18	19	20	21	22	23	24	
25	26	27	28	1	2	3	

Exercici 3. Realitzar una petició mitjançant el mètode GET.

Realitzar la Petició mitjançant el mètode GET, analitzant la cadena QueryString generada a la Petició.

SOLUCIÓ 1:

```
<body>
        <form name="formulari" action="#" method="get" id="formulari"
        onsubmit="analitzar();" >
                <label for="nom">Nom</label>
                <input type="text" name="nombre"/>
                <label for="cognom">cognoms</label>
                <input type="text" name="cognoms"/>
                <input type="submit" name="enviar" value="Enviar";/>
        </form>
        <div id="texto">
        </div>
</body>
<script>
        function analitzar(){
                var temp = new Array();
                temp = document.URL.split("?");
                var parametres = new Array();
                var parametres = temp[1].split("&");
                var dades = new Array();
                for(let i=0;i<parametres.length-1;i++){
                        dades[i] = new Array();
                        dades[i] = parametres[i].split("=");
                }
                document.write(dades[0][1]);
                document.write(dades[1][1]);
        }
</script>
```

RESULTAT 1:

Nom [   ] cognoms [   ] Enviar

Nom [BALDO] cognoms [SANCHEZ] Enviar

BALDOSANCHEZ

Exercici 4. Formulari de pretición o Subscripció a un canal de premsa.

Definiu un formulari de petició de subscripció a un canal de premsa. Les dades del registre han de recollir el nom de l'usuari, el NIF, l'adreça de correu i el país de residència. Abans d'enviar les dades al servidor, ha de verificar que es compleixen les següents condicions:

a) El país de residència ha de ser qualsevol país de la Comunitat Econòmica Europea.

b) La direcció de correu electrònic no pot ser de servidors tipus Hotmail o yahoo.es.

c) El format del número de NIF ha de ser el següent: 9 dígits- lletra, on la lletra serà un valor d'A-Z excepte X, M i I

```
<body>
  <form action="" method="post" id="formulari">
      DNI:<br />
      <input type="text" name="DNI"/><br />
      <p id="errordni"></p><br />
      PAIS:<br />
      <input type="text" name="pais" /><br />
      <p id="errorpais"></p><br />
      EMAIL:<br />
      <input type="email" name="email" /><br />
      <p id="erroremail"></p><br />
      <button name="Enviar" id="Enviar">Enviar</button>
  </form>
</body>
<script>
        window.onload = function(){
        var enviar = document.getElementById("enviar");
        Enviar.addEventListener("click",validar);
```

```
        }
function validar(event){
        event.preventDefault();
        var reg_dni=/^\d{8}[a-zA-Z]$/;
        var paises= new Array("Alemanya", "Bèlgica", "Bulgària", "Croàcia",
        "Dinamarca", "Eslovènia", "Espanya", "Estònia", "Finlàndia", "França",
        "Grècia", "Hongria", "Irlanda "," Itàlia "," Letònia "," Lituània "," Luxemburg
        "," Malta "," Països Baixos "," Polònia "," Portugal "," Regne Unit ","
        República Txeca "," Romania "," Suècia ");
        var formulari=document.getElementById("formulari");
        var longitud= formulari.elements.length -1;
        var error = "";
        var dni = formulari.elements[0].value;
        document.getElementById("errordni").textContent = "";
        if(!reg_dni.test(dni)){
                document.getElementById("errordni").textContent = "DNI no valgut";
        }
        var pais=formulari.elements[1].value;
        var paisCorrecto=paises.indexOf(pais);
        document.getElementById("errorpais").textContent = "";
        if(paisCorrecto<0){
                document.getElementById("errorpais").textContent="Pais no valgut o
                inexistent";
        }
        var correo=formulari.elements[2].value;
        var separacion=correo.split("@");
        document.getElementById("erroremail").textContent = "";
        if(separacion[1]=="hotmail.es"||separacion[1]=="yahoo.es"){
                document.getElementById("erroremail").textContent="Email no valgut";
        }
}</script>
```

RESULTAT

DNI:
`012457888`

PAIS:
`España`

EMAIL:
`baldosan3@gmail.com`

`Enviar`

Exercici 5. Formulari validació targeta gràfica.

Crear el codi JavaScript que compleixi amb les següents funcions:

a) Si la longitud (nombre de caràcters) del camp nom és major de 15 o igual a zero, el formulari no s'enviarà.

b) Si la longitud (nombre de caràcters) del camp cognoms és major de 30 o igual a zero, el formulari no s'enviarà.

c) Si la longitud (nombre de caràcters) del camp e-mail és major de 35 o igual a zero, el formulari no s'enviarà. Si l'email no conté el caràcter @ el formulari no s'enviarà.

d) Si es produeix qualsevol de les circumstàncies anteriors, ha d'aparèixer un requadre amb color de fons taronja i text negre a la dreta de la casella d'introducció de dades, informant del problema detectat en aquest camp (si és que aquest camp presenta algun problema).

SOLUCIÓ 1 :

```
<!DOCTYPE html>
<html lang="es">
<head>
    <meta charset="UTF-8">
    <title>Exercici 5</title>
</head>
<body>
<form action="" onsubmit="return false"
```

> **Nota:** aquests missatges s'han de mostrar només si el camp és erroni després de premut el botó enviar, i han de desaparèixer si l'usuari realitza un nou intent i el camp és correcte. Els missatges s'incorporaran al DOM (no seran missatges usant alert).

```
        Seleccionar un tipus de targeta: <br>
        <select name="tipoTarjeta" id="tipoTarjeta">
                <option value="mastercard">Mastercard</option>
                <option value="visa">Visa</option>
                <option value="americanExpress">American Express</option>
                <option value="discover">Discover</option>
        </select><br>

        Nombre de la targeta: <br>
        <input type="text" id="numTarjeta" name="numTarjeta" onblur="validarTarjeta()">
        <span id="mensajeTarjeta"></span><br>
        <input type="submit" value="Enviar" id="enviar"
        onclick="validacionFinalTarjeta()"> <input type="button" value="Cancelar"
        id="cancelar">
</form>

<script>
    function validarTarjeta(){
        var tipoTarjeta=document.getElementById("tipoTarjeta").value;
        var numTarjeta= document.getElementById("numTarjeta").value;
        var mensaje=document.getElementById("mensajeTarjeta");
        var tarjetaCorrecta=true;
        var mensajeError="";

        if (numTarjeta.trim()==""){
            mensajeError="campo vacio";
            tarjetaCorrecta=false;
        }else if(isNaN(numTarjeta.trim())){
            mensajeError=" Només s'admeten numeros";
            tarjetaCorrecta=false;
        }else{
            switch(tipoTarjeta){
                case "mastercard":
                    if(numTarjeta.trim().length!=16 ||
                    (numTarjeta.trim().substr(0,2)!="51" &&
                    numTarjeta.trim().substr(0,2)!="55")) {
                                        mensajeError = "Targeta no valida";
                                        tarjetaCorrecta = false;
                        }
                    break;
                case "visa":
                    if((numTarjeta.trim().length!=16 &&
                    numTarjeta.trim().length!=13)|| numTarjeta.trim().substr(0,1)!="4"
                    ) {
                                    mensajeError = "Targeta no valida";
                                    tarjetaCorrecta = false;
                        }
                        break;
                case "americanExpress":
                    if(numTarjeta.trim().length!=16 ||
                    (numTarjeta.trim().substr(0,2)!="34" &&
                    numTarjeta.trim().substr(0,2)!="37")) {
                                    mensajeError = "Targeta no valida";
                                    tarjetaCorrecta = false;
                        }
                        break;
                case "discover":
                    if(numTarjeta.trim().length!=16 ||
                    (numTarjeta.trim().substr(0,4)!="6011" &&
                    numTarjeta.trim().substr(0,3)!="644" &&
                    numTarjeta.trim().substr(0,2)!="65")) {
                                    mensajeError = "Targeta no vàlida";
                                    tarjetaCorrecta = false;
                        }
                        break;
            }  // fin switch
        } // fin  if else

        if (tarjetaCorrecta){
                mensaje.innerHTML="correcto";
                mensaje.style.color="green";
        }else{
                mensaje.innerHTML=mensajeError;
                mensaje.style.color="red";
```

```
        }
        return tarjetaCorrecta;
    }
    function validacionFinalTarjeta() {
        var mensaje=document.getElementById("mensajeTarjeta");

        if (validarTarjeta()){
            var numTarjeta= document.getElementById("numTarjeta").value;
            var resultadoFinal=0;

            for (var i=0;i<numTarjeta.trim().length;i+=2){
                var resultadoOperacion=numTarjeta[i]*2;
                if(!!numTarjeta[i+1]){
                    if(resultadoOperacion>9){
                        resultadoFinal+=parseInt((resultadoOperacion-
                        9))+parseInt(numTarjeta[i+1]);
                    }else{
                        resultadoFinal+=parseInt(resultadoOperacion)+parseInt(numTa
                        rjeta[i+1]);
                    }
                }else{
                    if(resultadoOperacion>9){
                        resultadoFinal+=parseInt((resultadoOperacion-9));
                    }else{
                        resultadoFinal+=parseInt(resultadoOperacion);
                    }
                }
            }
            if((resultadoFinal%10)==0){
                mensaje.innerHTML="Todo correcto";
            }
        }
    }
</script>
</body>
</html>
```

Exercici 6. Triar entre aquestes targetes de crèdit per a realitzar pagaments

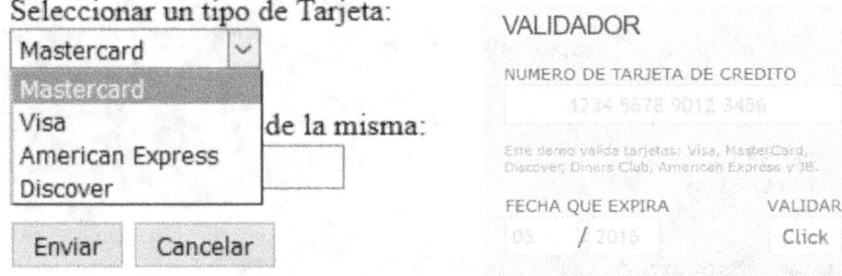

- **Mastercard:** La longitud és de 16 dígits. Els dos primers digits poden ser: 51, 55
- **VISA:** longitud de dígits 16, o bé 13 dígits.
- **American Express:** La longitud 15 dígits. Els dos primers han de ser diferents de: 37, 34.
- **Discover:** longitud 16 dígits. Els 4 primers caràcters han de ser diferents a 6011.
- Tots els dígits introduïts han de ser nombres.

Coneixements previs

Com a preàmbul diguem vegem alguns dels dígits utilitzats per algunes marques reconegudes per les seves targetes de crèdit com IIN de les seves sigles en anglès "Issuer Identification Number" és el nombre utilitzat per reconèixer l'empresa que va emetre la targeta.

IIN	Empresa
34xxxx / 37xxxx	AMEX
4xxxxx	VISA
51xxxx / 55xxxx	Master Card
6011xx/ 644xxx/ 65xxxx	Discover

L'algoritme de Luhn va ser desenvolupat pel científic d'IBM Hans Peter Luhn (1896-1964) i és usat, entre altres coses, per verificar si la sèrie numèrica de la targeta de crèdit (no dèbit) és vàlid comparant-la amb el dígit de control de la mateixa (últim dígit).

Un número de targeta de crèdit està format per 13 o 16 dígits (el més normal ara són 16 dígits). Per procedir a verificar la seva validesa procedim de la següent manera.

Passos:

PAS 1. Prenguem un número de targeta de crèdit del qual vulguem verificar la seva validesa.

4857 6961 7919 2589

PAS 2. Separem els números de les posicions senars: (x = posició imparell).

4857 6961 7919 2589

x x x x x x x x

PAS 3. Multipliquem els números de les posicions senars per 2.

Si el nombre és més gran que nou, li restem nou. (Nota: Podem obtenir el mateix resultat sumant les xifres consecutivament, quan compleixi la condició anterior. Ex: [12] {1 + 2 = 3} o {12 - 9 = 3})

$$4 * 2 = 8$$
$$5 * 2 = 10 ; \{> 9\} => \{1 + 0 = 1\} \text{ o } \{10 - 9 = 1\}$$
$$6 * 2 = 12 ; \{> 9\} => \{1 + 2 = 3\} \text{ o } \{12 - 9 = 3\}$$
$$6 * 2 = 12 ; \{> 9\} => \{1 + 2 = 3\} \text{ o } \{12 - 9 = 3\}$$
$$7 * 2 = 14 ; \{> 9\} => \{1 + 4 = 5\} \text{ o } \{14 - 9 = 5\}$$
$$1 * 2 = 2$$
$$2 * 2 = 4$$
$$8 * 2 = 16 ; \{> 9\} => \{1 + 6 = 7\} \text{ o } \{16 - 9 = 7\}$$

PAS 4. Ara sumem els resultats anteriors amb els números de les posicions parells.

{} => Nou resultat.

Suma = {8} + 8 + {1} + 7 + {3} + 9 + {3} + 1 + {5} + 9 + {2} + 9 + {4} + 5 + {7} + 9

Resultado: 90

PAS 5. Si el resultat anterior és múltiple de 10, llavors és vàlid.

```
<!DOCTYPE html>
<html lang="ca">
<head>
    <meta charset="UTF-8">
    <title>Exercici 6</title>
</head>
<body>
<form action="" onsubmit="return false">
    Seleccionar un tipus de targeta: <br>
    <select name="tipusTargeta" id="tipusTargeta">
        <option value="mastercard">Mastercard</option>
        <option value="visa">Visa</option>
        <option value="americanExpress">American Express</option>
        <option value="discover">Discover</option>
    </select><br>
     Nombre de la targeta: <br>
    <input type="text" id="numTargeta" name="numTargeta" onblur="validarTargeta()">
    <span id="missatgeTargeta"></span><br>
     <input type="submit" value="Enviar" id="enviar"
       onclick="validacioFinalTargeta()">
    <input type="button" value="Cancel" id="cancel">
</form>
<script>
    function validarTargeta(){
        var tipusTargeta=document.getElementById("tipusTargeta").value;
        var numTargeta=document.getElementById("numTargeta").value;
        var missatge=document.getElementById("missatgeTargeta");
        var TargetaCorrecta=true;
        var missatgeError="";

        if (numTargeta.trim()==""){
            missatgeError="camp buit";
            TargetaCorrecta=false;
```

```javascript
        }else if(isNaN(numTargeta.trim())){
            missatgeError=" Només s'admeten números";
            TargetaCorrecta=false;
        }else{
            switch(tipusTargeta){
                case "mastercard":
                    if(numTargeta.trim().length!=16 ||
                            (numTargeta.trim().substr(0,2)!="51" &&
                            numTargeta.trim().substr(0,2)!="55")) {
                                missatgeError = "Targeta no vàlida";
                                TargetaCorrecta = false;
                            }
                    break;
                case "visa":
                    if((numTargeta.trim().length!=16 &&
                    numTargeta.trim().length!=13)|| numTargeta.trim().substr(0,1)!="4"
                    ) {
                            missatgeError = "Targeta no vàlida";
                            TargetaCorrecta = false;
                    }
                    break;
                case "americanExpress":
                    if(numTargeta.trim().length!=16 ||
                            (numTargeta.trim().substr(0,2)!="34" &&
                            numTargeta.trim().substr(0,2)!="37")) {
                        missatgeError = "Targeta no vàlida";
                        TargetaCorrecta = false;

                    }
                    break;
                case "discover":
                    if(numTargeta.trim().length!=16 ||
                            (numTargeta.trim().substr(0,4)!="6011" &&
                            numTargeta.trim().substr(0,3)!="644" &&
                            numTargeta.trim().substr(0,2)!="65")) {
                        missatgeError = "Targeta no vàlida";
                        TargetaCorrecta = false;

                    }
                    break;
            }
        }
        if (TargetaCorrecta){
            missatge.innerHTML="correcte";
            missatge.style.color="green";
        }else{
            missatge.innerHTML= missatgeError;
            missatge.style.color="red";
        }
        return TargetaCorrecta;
}

function validacioFinalTargeta() {
    var missatge=document.getElementById("missatgeTargeta");
    if (validarTargeta()){
        var numTargeta= document.getElementById("numTargeta").value;
        var resultatFinal=0;
        for (var i=0;i<numTargeta.trim().length;i+=2){
            var resultatOperacio=numTargeta[i]*2;
            if(!!numTargeta[i+1]){
                if(resultatOperacio>9){
                        resultatFinal+=parseInt((resultatOperacio-
                                9))+parseInt(numTargeta[i+1]);
                }else{

        resultatFinal+=parseInt(resultatOperacio)+parseInt(numTargeta[i+1]);
                }
            }else{
                if(resultatOperacio>9){
                    resultatFinal+=parseInt((resultatOperacio-9));
                }else{
                    resultatFinal+=parseInt(resultatOperacio);
                }
            }
        }
        if((resultatFinal%10)==0){
```

```
                missatge.innerHTML="Tot correcte";
                missatge.style.color="green";
            }else{
                missatge.innerHTML="No va ser correcte";
                missatge.style.color="red";
            }
        }
    }
    </script>
    </body>
    </html>
```

RESULTADO

Seleccionar un tipus de targeta:

Mastercard ▼
Mastercard
Visa
American Express
Discover

Seleccionar un tipus de targeta:
Mastercard ∨
Nombre de la targeta:
5105105105105100   Tot correcte
Enviar   Cancel

Seleccionar un tipus de targeta:
Mastercard ∨
Nombre de la targeta:
42424242424235   Targeta no vàlida
Enviar   Cancel

Seleccionar un tipus de targeta:
Visa ∨
Nombre de la targeta:
4242424242424242   Tot correcte
Enviar   Cancel

Seleccionar un tipus de targeta:
Discover ∨
Nombre de la targeta:
6011111111111117   Tot correcte
Enviar   Cancel

Exercici 7: Validació dels camps d'un formulari formulari.

Crear el codi JavaScript que compleixi amb les següents funcions:

a) Si la longitud (nombre de caràcters) del camp nom és major de 15 o igual a zero, el formulari no s'enviarà.

b) Si la longitud (nombre de caràcters) del camp cognoms és major de 30 o igual a zero, el formulari no s'enviarà.

c) Si la longitud (nombre de caràcters) del camp e-mail és major de 35 o igual a zero, el formulari no s'enviarà. Si l'email no conté el caràcter @ el formulari no s'enviarà.

d) Si es produeix qualsevol de les circumstàncies anteriors, ha d'aparèixer un requadre amb color de fons taronja i text negre a la dreta de la casella d'introducció de dades, informant del problema detectat en aquest camp (si és que aquest camp presenta algun problema).

Nota Tots els missatges s'han de mostrar només si el camp és erroni després de premut el botó enviar, i han de desaparèixer si l'usuari realitza un nou intent i el camp és correcte. Els missatges s'incorporaran al DOM (no seran missatges usant alert).

Exemple d'execució. L'usuari deixa el nom, cognoms i correu electrònic buits. A la dreta de les caselles d'introducció de dades apareixerà: El nom no pot estar buit. Els cognoms no poden estar buits. El correu electrònic no pot estar buit.

```
<html>
    <head>
        <title>Exercici 7</title>
        <meta charset="UTF-8">
        <meta name="viewport" content="width=device-width, initial-scale=1.0">
        <script src="exercici7.js"></script>
    </head>
    <body>
```

```html
                    <form action="" method="get" name="formulari" onsubmit="return
                    validar()" id="formulari">
                            <label for="nom">Nom</label><br>
                            <input type="text" name="nom" value="" id="nom"
                            onblur="validarNom()">
                            <span id="missatgeNom"></span><hr>
                            <label for="apellido">Cognom</label><br>
                            <input type="text" name="cognom" value="" id="cognom"
                            onblur="validarCognom()">
                            <span id="missatgeCognom"></span><hr>
                            <label for="email">Email</label><br>
                            <input type="text" name="email" value="" id="email"
                            onblur="validarEmail()">
                            <span id="missatgeEmail"></span><hr>
                            <input type="submit" name="enviar" value="Enviar" id="enviar">
            </form>
        </body>
</html>>
```

exercici7.js

```javascript
function validarNom(){
    // Validació del camp nom
    var nom=document.getElementById("nom").value;
    var missatgeNom=document.getElementById("missatgeNom");
    var error="";
    var totOk=true;
    if(nom.length>15){
        totOk=false;
        error=" El nom no pot contenir més de 15 caràcters "
    }else if(nom.trim()==""){
        totOk=false;
        error="El nom no pot estar buit";
    }
    if(!totOk) {
        missatgeNom.style.color="black";
        missatgeNom.style.background="orange";
        missatgeNom.textContent=error;
    }else{
        console.log(nom);
    }
}
function validarCognom(){
    //Validació del Camp cognom
    var cognom=document.getElementById("cognom").value;
    var missatgeCognom=document.getElementById("missatgeCognom");
    var error="";
    var totOk=true;
    if(cognom.length>30){
        totOk=false;
        error="";
    }else if(cognom.trim()==""){
        totOk=false;
        error=" El nom no pot estar buit";
    }
    if(!totOk) {
        missatgeCognom.style.color="black";
        missatgeCognom.style.background="orange";
        missatgeCognom.textContent=error;
    }else{
        console.log(cognom);
    }
}
// Validació del camp Email
function validarEmail(){
    var email=document.getElementById("email").value;
    var missatgeEmail=document.getElementById("missatgeEmail");
    var patro=/@/;
    var error="";
    var totOk=true;
    if(email.length>35){
        totOk=false;
        error="L'email no pot tenir més de 35 caràcters";
    }else if(email.trim()==""){
        totOk=false;
```

```
                    error="L'email no pot estar buit";
        }else if(!patro.test(email)){
            totOk=false;
            error="L'email ha de contenir el caràcter @";
        }
        if(!totOk) {
            missatgeEmail.style.color="black";
            missatgeEmail.style.background="orange";
            missatgeEmail.textContent=error;
        }else{
            console.log(email);
        }
        return totOk;
    }
    function validar(){
        var totOk=true;
         var correcte = true;
        if (!(validarNom() && validarEmail() && validarCognom())) {
            totOk = false;
        }
        return totOk;
    }
```

SOLUCIÓ 1

Nom

| El nom no pot estar buit |

Cognom

| El nom no pot estar buit |

Email

| L'email no pot estar buit |

[Enviar]

Exercici 8: Disseny de formularis.

Donat el següent formulari del mòdul de Disseny Web.

Això és la capçalera

Buy Tickets to the Web Developer Gala

Tickets are $10 each. Dinner packages are an extra $5. All fields are required.

Tickets and Add-ons

Number of Tickets Limit 8 `1`

Dinner Packages Serves 2 `1`

Payment

Credit card number No spaces or dashes, please. `372000000000008`

Expiration date MM / MMYYYY `01/2018`

Billing Address

Name `ex: John Q. Public`

Street Address `ex: 12345 Main Street, Apt 23`

City `ex: Anytown`

State `CA`

ZIP `7"12345"`

[Buy Tickets!]

a) Establir en el nombre de tiquets valor per defecte 1, el valor màxim 10.

b) Dinner Packages Servesse utilitzarà un preu mínim 1,00 el màxim de 200,00 euros, però el valor pot incrementar-se de 0,5 a 0,5 s'utilitzarà step

c) El número de compte s'utilitzarà l'algoritme de Luhn, per comprovar la targeta de crèdit i apareixerà al costat del camp el nom del tipus de targeta que és (Visa, ...).

d) Es llegirà la direcció i obtindrem a partir de les abreviatures que introdueixi l'usuari c /, av., pl. la següent cadena Carrer, avinguda, plaça, ... Es visualitzarà a la part dreta del formulari.

e) Es mostrarà una llista de les 52 províncies d'Espanya. I es seleccionarà una, la selecció implica que escriurem al camp del Codi postal el codi de la província, amb la qual cosa l'usuari només haurà de afegir als 3 caràcters restants per completar la població del codi postal. Això 3 caràcters es concatenarán als de la província.

f) Es pot col·locar al costat del camp de ciutat una icona o un enllaç que contingui l'enllaç a una nova finestra com la següent i seleccionar qualsevol dels següents valors.

g) Codis Postals.

01 Araba/Álava	02 Albacete	03 Alicante	04 Almería	05 Ávila
06 Badajoz	07 Illes Balears	08 Barcelona	09 Burgos	10 Caceres
11 Cádiz	12 Castellón	13 Ciudad Real	14 Córdoba	15 Coruña
16 Cuenca	17 Girona	18 Granada	19 Guadalajara	20 Gipuzkoa
21 Huelva	22 Huesca	23 Jaén	24 León	25 Lleída
26 La Rioja	27 Lugo	28 Madrid	29 Málaga	30 Murcia
31 Navarra	32 Ourense	33 Asturias	34 Palencia	35 Las Palmas
36 Pontevedra	37 Salamanca	38 S.C. Tenerife	39 Cantabria	40 Segovia
41 Sevilla	42 Soria	43 Tarragona	44 Teruel	45 Toledo
46 Valencia	47 Valladolid	48 Bizkaia	49 Zamora	50 Zaragoza
51 Ceuta	53 Melilla	AD Andorra		

Solució 1

```
<!DOCTYPE html>
<html lang="ca">
<head>
  <meta charset="UTF-8">
  <meta name="viewport" content="width=device-width, initial-scale=1.0">
  <meta http-equiv="X-UA-Compatible" content="ie=edge">
  <title>Exercici 8 </title>
</head>
    <body>
            <form>
                <fieldset>
                    <legend>Entrades i complements</legend>
                    El nombre marca el límit 8
                    <input type="number" name="numTickets" id="numTickets"  /><br />
                         Paquets de sopars serveixen 2
                    <input type="number" name="dinnerPackages" id="dinnerPackages"
                    value="1" />
                </fieldset>

                <fieldset>
                    <legend>Pagament</legend>
                    Número de targeta de crèdit Sense espais o guions, si us plau
                    <input type="text" name="creditCard" id="creditCard" /><br />
                    Data de caducitat MM / MMYYYY
                    <input type="text" name="expirationDate" id="expirationDate" /><br
                    />
                </fieldset>

                <fieldset>
                    <legend>Adreça de facturació<legend>
                    Nom
                    <input type="text" name="name" id="name" /><br />
                    Adreça
                    <input type="text" name="address" id="address" /><a
                    id="texto"></a><br />
                    Ciutat
```

```html
                    <input type="text" name="city" id="city" /><br />
                    Stat
                    <input type="text" name="state" id="state" /><br />
                    ZIP
                    <input type="text" name="zip" id="zip" /><br />
                </fieldset>
                <input type="submit" value="Comprar tiquets" name="enviar"/>
            </form>
    </body>
        <script>
                var numTickets = document.getElementById("numTickets");
                numTickets.setAttribute("value","1");
                numTickets.setAttribute("min","1");
                numTickets.setAttribute("max","10");

                var dinnerPackages= document.getElementById("dinnerPackages");
                dinnerPackages.setAttribute("value","1");
                dinnerPackages.setAttribute("min","1");
                dinnerPackages.setAttribute("max","200");
                dinnerPackages.setAttribute("step","0.5");

                var address = document.getElementById("address");

                address.addEventListener("blur", function(){
                    var direccion = address.value.split(" ");
                    console.log(direccion);
                    var texto = "";
                    switch(direccion[0]){
                        case "c/":
                            texto = document.getElementById("texto");
                            console.log(texto);
                            texto.innerHTML = "Carrer";
                            break;
                        case "avd":
                            texto = document.getElementById("texto");
                            console.log(texto);
                            texto.innerHTML = "Avinguda";
                            break;
                        case "pza":
                            texto = document.getElementById("texto");
                            console.log(texto);
                            texto.innerHTML = "plaça";
                            break;
                    }
                });
        </script>
</html>
```

RESULTAT:

```
┌─Entrades i complements──────────────────────────────────────────────┐
│  El nombre marca el límit 8 [1      ]                                │
│  Paquets de sopars serveixen 2 [1      ]                             │
└─────────────────────────────────────────────────────────────────────┘
┌─Pagament────────────────────────────────────────────────────────────┐
│  Número de targeta de crèdit Sense espais o guions, si us plau [    ]│
│  Data de caducitat MM / MMYYYY [          ]                          │
└─────────────────────────────────────────────────────────────────────┘
┌─Adreça de facturació────────────────────────────────────────────────┐
│  Nom    [            ]                                               │
│  Adreça [            ]                                               │
│  Ciutat [            ]                                               │
│  Stat   [            ]                                               │
│  ZIP    [            ]                                               │
└─────────────────────────────────────────────────────────────────────┘
 [Comprar tiquets]
```

Com recuperar un dígit perdut d'un número de targeta?

Escriure un formulari amb tingui dos camps un per introduir tots els números visibles i el segon per indicar que nombre falta i la posició que ocupa, comptant els dígits d'esquerra a dreta.

Partim de: aquest algoritme pot donar un cop de mà en algun moment. Imaginem que no recordem un dígit del nombre de la nostra targeta (o que dubtem entre diversos, que no ho tenim clar), que recordem tots els altres i que sabem quina posició ocupa el que se'ns ha oblidat. Llavors l'algoritme de Luhn ens ajuda a recuperar aquest nombre.

Prenguem com a exemple el nombre

3986X29557281742

Suposem que aquest és el nostre número de targeta, però que no recordem què dígit és el que correspon a la posició que ocupa X. Bé, per calcular quin és aquest dígit simplement plantegem l'algoritme de Luhn fixant-nos en si X ocupa una posició parell o un imparell i recordant que el resultat final ha de ser igual a 0 mòdul 10. En el nostre cas ens queda:

$A = 6 + 7 + 2X + 9 + 1 + 4 + 2 + 8 = 2X + 37$

$B = 9 + 6 + 2 + 5 + 7 + 8 + 7 + 2 = 46$

$A + B = 2X + 83$

Per tant s'ha de complir que $2X + 83$ sigui un múltiple de 10. Bé, no exactament, ja que cal recordar que si $2X$ és més gran o igual que 10 cal sumar les xifres.

EL valor que té X. D'una banda, si: llavors $2X = 10$ i el resultat seria $1 + 83 = 84$. No.

- X = 6: llavors $2X = 12$ i el resultat seria $3 + 83 = 86$. No.
- X = 7: llavors $2X = 14$ i el resultat seria $5 + 83 = 88$. No.
- X = 8: llavors $2X = 16$ i el resultat seria juliol $+ 83 = 90$. Si.
- X = 9: llavors $2X = 18$ i el resultat seria $9 + 83 = 92$. No.

Amb això calculem el dígit que ens faltava. Era i el número de la nostra targeta quedaria així:

3986829557281742

```html
<!DOCTYPE html>
<html lang="ca">
<head>
  <meta charset="UTF-8">
  <meta name="viewport" content="width=device-width, initial-scale=1.0">
  <meta http-equiv="X-UA-Compatible" content="ie=edge">
  <title>Exercici 9 </title>
</head>
  <body>
        <form id="formulari">
            Numero de targeta:<br />
            <input type="text" name="numTargeta" id="numTargeta" />
            <br />
            <input type="button" value="Validar" name="Validar" id="Validar" />
        </form>
        <p id="texto">
        </p>
    <script>
        window.onload = function(){
            var boton = document.getElementById("Validar");
            boton.addEventListener("click",encontratDigit);
        }
        function encontratDigit(evt){
            var numTargeta = document.getElementById("numTargeta").value;
            var ArraynumTargeta = numTargeta.split("");
            var posicionX;
            var A = 0;
            var B = 0;
            for(let i = 0; i < ArrayNumTargeta.length; i=i+2){
                if(ArrayNumTargeta[i] == "X"){
                    posicionX = i;
                }else {
                    A += unDigit(ArrayNumTargeta[i]*2);
                }
            }
            for(let j = 1; j < ArrayNumTargeta.length; j=j+2){
                if(ArrayNumTargeta[j] == "X"){
                    posicionX = j;
```

```
                }else{
                        B += parseInt(ArrayNumTargeta[j]);
                }
        }
    }
    function unDigit(num){
            return parseInt(num/10) + num % 10;
    }
    </script>
</body>

</html>
```

Exercici 10. Validar una expressió regular escrita en un formulari

Es fa referència a una matrícula antiga ex .: GI-2927-I.

La definició del formulari s'introdueix <input> al camp **"id = matricula"** i un cop llegit es prem el botó "**Analitzar Matrícula**" i es crida a la funció *analizaMatricula()*

```
<form id="meuFormulari" action="" method="get">
    <p>Matrícula:
    <input type="text" id="matricula" />
    <br />
    <input type="button" value="Analitzar Matrícula" onclick="analizaMatricula()" />
    </p>
</form>
```

La funció "analizaMatricula ()", es recull en la variable miMatricula el valor del camp que procedeix de l'element amb identificador "matricula". Es defineix una variable local expreg amb el valor de l'expressió regular de totes les matricules que comencen per ^ [AZ] {1,2} Totes les que comencen per un o dos caractres {1,2}, els que comencen per caràcters ^ que només contenen caràcters ens [AZ]. És seguit per un caràcter \\ es i per \\ d {4} 4 dígits, acaba en un caràcter \\ si l'últim caràcter o els darrers {3} tres caràcters poden ser qualsevol caràcter menys vocals o altres caràcters que no es recullen en la següent expressió ([B-D] | [F-H] | [J-N] | [P-T] | [V-Z])

```
function analizaMatricula() {
        let meuMatricula= document.getElementById("matricula").value;
        let expreg = new RegExp("^[A-Z]{1,2}\\s\\d{4}\\s([B-D]|[F-H]|[J-N]|[P-T]|[V-
        Z]){3}$");

        if (expreg.test(meuMatricula))
            alert("La matrícula és correcta ");
        else
            alert("La matrícula no és correcta");
}
```

Exercici 11: Creació d'una expressió regular (TEORIA)

Per crear una expressió regular, pot utilitzar-se dos mètodes:

a) La primera opció compila l'expressió regular quan s'avalua l'script, pel que és millor quan l'expressió regular és una constant (delimitada per barres) i no va a variar al llarg de l'execució del programa.

exp_reg1 = /^[0-9]+/; contingut de la variable de cadena cadena1

La variable es converteix en una variable del tipus expressió regular, per tant, pot usar-se amb ella el mètode test per validar la cadena.

if(exp_reg1.test("123")==false)

b) La segona opció compila l'expressió regular en temps d'execució (guardada en una variable de tipus cadena o en un camp d'un formulari). Aquí els delimitadors són les cometes dobles, no les barres.

```
<script>
        exp_reg2 = new RegExp("^[0-9]+");
        // Ara exp_reg2 és una variable que conté una expressió regular.
        exp_reg3 = new RegExp(formu.campo1.value);
        /* exp_reg3 tindrà com a expressió regular el contingut del camp camp1 del
        formulari formular. */
        exp_reg4 = new RegExp(cadena1);
        /* exp_reg4 tindrà com a expressió regular el contingut de la variable de
        cadena cadena1. */
```

```
        if(exp_reg3.test("123")==false)
        /* Ara podrà usar-se el mètode test a les va
        Donat el següent codi de formulari convertir-lo o que es generi des del
        DOM.*/
</script>
<form method="post" action="tratamiento.php">
        <p>
         Marca els àpats que t'agraden:<br/ >
        <input type="checkbox" name="patates fregides" id="patatesFregides" />
        <label for="patates fregides">Patates fregides</label><br />
        <input type="checkbox" name="hamburguesa" id="hamburguesa" />
        <label for="hamburguesa">Hamburguesa</label><br />
        <input type="checkbox" name="espinacs" id="espinacs" />
        <label for="espinacs">Espinacs</label><br />
        <input type="checkbox" name="ostres" id="ostras" />
        <label for="ostres">Ostres</label>
        </p>
    </form>
```

Marca els àpats que t'agraden:

Marca els àpats que t'agraden:
- [ ] Patates fregides
- [ ] Hamburguesa
- [ ] Espinacs
- [ ] Ostres

SOLUCIÓ 1:

```
        var formulari = document.createElement("form");
        formulari.setAttribute("action","tratamiento.php");
        formulari.setAttribute("method","post");
        document.body.appendChild(formulari);

        var p = document.createElement("p");
        var MsP = document.createTextNode("Marca las comidad que te gustan:");
        p.appendChild(MsP);
        formulario.appendChild(p);

        var br1 = document.createElement("br");
        p.appendChild(br1);

        var patates= document.createElement("input");
        patates.setAttribute("type","checkbox");
        patates.setAttribute("name","patatas fritas");
        patates.setAttribute("id","patatas fritas");
        p.appendChild(patates);

        var label1 = document.createElement("label");
        label1.setAttribute("for","patates fregides");
        label1.innerHTML="Patates fregides";
        p.appendChild(label1);

        var br2 = document.createElement("br");
        p.appendChild(br2);

        var hamburguesas= document.createElement("input");
        hamburguesas.setAttribute("type","checkbox");
        hamburguesas.setAttribute("name","Hamburguesa");
        hamburguesas.setAttribute("id","Hamburguesa");
        p.appendChild(hamburguesas);

        var label2 = document.createElement("label");
        label2.setAttribute("for","Hamburguesa");
        label2.innerHTML="Hamburguesa";
        p.appendChild(label2);

        var br3 = document.createElement("br");
        p.appendChild(br3);

        var espinacs= document.createElement("input");
        espinacs.setAttribute("type","checkbox");
```

```
espinacs.setAttribute("name","espinacs");
espinacs.setAttribute("id","espinacs");
p.appendChild(espinacas);

var label3 = document.createElement("label");
label3.setAttribute("for","espinacs");
label3.innerHTML="espinacs";
p.appendChild(label3);

var br3 = document.createElement("br");
p.appendChild(br3);

var ostres= document.createElement("input");
ostres.setAttribute("type","checkbox");
ostres.setAttribute("name","ostres");
ostres.setAttribute("id","ostres");
p.appendChild(ostres);

var label4 = document.createElement("label");
label4.setAttribute("for","ostres");
label4.innerHTML="ostres";
p.appendChild(label4);
```

Agafar una formulari de validació d'usuari i password més una o dues etiquetes de comentari i generar-des del DOM.

```
<form onsubmid="valida();" method="GET" action="pruebas.php"
name="ValidaClave">
    <!- Introduïu el nom d'usuari o clau principal -->
    <label for="nombre">Nom:</label>
    <input type="text" id="nom" size="40">
    <!- Introduïu el password o la clau -->
    <label for="clau">Password:</label>
    <input type="password" name="clau" size="12">
</from>
```

SOLUCIÓ:
```
addEventListener("load",function () {
    var cos=document.body;
    var formulari=document.createElement("form");
    formulari.setAttribute("onsubmid",'valida();');
    formulari.setAttribute("method",'GET');
    formulari.setAttribute("action",'pruebas.php');
    formulari.setAttribute("name",'ValidaClave');
    formulari.appendChild(document.createComment("Introduïu el nom d'usuari o clau
    principal"));

    var etiquetaNom = document.createElement("label");
    etiquetaNom.setAttribute("for","nom");
    etiquetaNom.innerHTML="Nom:";
    formulari.appendChild(etiquetaNombre);

    var inputNom = document.createElement("input");
    inputNom.setAttribute("type","text");
    inputNom.setAttribute("id","nombre");
    inputNom.setAttribute("size","40");
    formulari.appendChild(inputNom);
    formulari.appendChild(document.createElement("br"));

    formulari.appendChild(document.createComment("<!-Introduïu el password -->"));
    var etiquetaPass = document.createElement("label");
    etiquetaPass.setAttribute("for","clau");
    etiquetaPass.innerHTML="Password:";
    formulari.appendChild(etiquetaPass);

    var inputPass = document.createElement("input");
    inputPass.setAttribute("type","password");
    inputPass.setAttribute("id","clau");
```

```
            inputPass.setAttribute("size","12");
            formulari.appendChild(inputPass);
            formulari.appendChild(document.createElement("br"));

            cos.appendChild(formulari);
    });
```

Exercici 12: Validació de Formulari

L'objectiu és utilitzar la definició de funcions invocades per esdeveniments per validar el contingut dels formularis. Aquestes funcions són invocades directament al produir-se un esdeveniment.

```
<!DOCTYPE html>
<html>
<head>
  <meta charset="utf-8">
  <meta name="viewport" content="width=device-width">
  <title>Exercici 12</title>
  <script>
      function txtNombreOnchange(){
            window.status="Hola"+document.formu1.txtnombre.value;
      }

      function txtEdadOnblur(){
          var miformu=document.formu1;
          var txtMiedad=document.formu1.txtedad.value;
          if(isNaN(txtMiedad) == true){
            alert("Inserte una edad valida");
            miformu.txtedad.focus();
            miformu.txtedad.select();

          }
      }

    function botoncheckFormOnClick(){
      var miformu=document.formu1;
      if(miformu.txtedad.value == "" || miformu.txtnombre.value == ""){
          alert("Campos vacios");
          if(miformu.txtnombre.value == ""){
              miformu.txtnombre.focus();
          }else{
              miformu.txtedad.focus();
          }
      }else{
        alert("Campos correctos");
      }
    }

      function envioOnSubmit(){
            var envio = confirm("Confirmar l'enviament ");
            if(envio){
                document.getElementById("envioForm").submit();
            }else{
                alert("Envio cancelado");
            }
      }

      function limpiarcampos(){
            document.getElementById("envioForm").reset();
      }

      function autocompletar(){
            document.getElementById("envioForm").autocomplete="on";
      }
  </script>
</head>
<body>
      <form name="formu1" id="envioForm">
      Si us plau introdueix la següent informació <br />
            <input type="text" name="txtnombre" onchange="txtNombreOnchange()" />
            <input type="text" name="txtedad" onblur="txtEdadOnblur()" size="3"
            maxlength="3" />
```

```
            <input type="button" value="verificar" name="botoncheckFormul"
            onclick="botoncheckFormOnClick()"/>
            <input type="button" value="Enviament de dades" onclick="envioOnSubmit()"/>
            <input type="button" value="Netejar camps" onclick="limpiarcampos()"/>
            <input type="button" value="Autocompletado" onclick="autocompletar()"/>
        </form>
</body>
</html>
```

Si us plau introdueix la següent informació

| | | verificar | Enviament de dades | Netejar camps | Autocompletado |

Exercici 13: Llista d'expressions regulars

1. Contrasenyes vàlides

`^(?=.*[A-Z].*[A-Z])(?=.*[!@#$&*])(?=.*[0-9].*[0-9])(?=.*[a-z].*[a-z].*[a-z]).{8}$`

Codi molt útil per saber si una contrasenya és prou segura. Amb aquest codi t'estalviaràs el escriure el teu propi corrector de contrasenyes des de zero.

2. Color Hexadecimal

`#([a-fA-F]|[0-9]){3, 6}`

Ja sabeu que per establir colors en el desenvolupament web, cal que estiguin formatats en hexadecimal. Si li estem demanant a un usuari que ingressi un color en hexadecimal, haurem de comprovar si ho ha fet correctament. I què millor per a això que fer-ho mitjançant aquest codi.

3. Validar adreça de correu electrònic

`/[A-Z0-9._%+-]+@[A-Z0-9-]+.+.[A-Z]{2,4}/igm`

Una de les tasques més comunes per a un desenvolupador és comprovar si una cadena està formatada amb l'estil d'una adreça de correu electrònic. Hi ha moltes maneres diferents per dur a terme aquesta tasca, però aquesta creiem que és la més lleugera de totes les que he conegut.

4. Direcció IPv4

`/b(?:(?:25[0-5]|2[0-4][0-9]|[01]?[0-9][0-9]?).){3}(?:25[0-5]|2[0-4][0-9]|[01]?[0-9][0-9]?)b/`

Aquesta expressió regular comprovarà una cadena per veure si se segueix la sintaxi d'adreces IPv4.

5. Direcció IPv6

`(([0-9a-fA-F]{1,4}:){7,7}[0-9a-fA-F]{1,4}|([0-9a-fA-F]{1,4}:){1,7}:|([0-9a-fA-F]{1,4}:){1,6}:[0-9a-fA-F]{1,4}|([0-9a-fA-F]{1,4}:){1,5}(:[0-9a-fA-F]{1,4}){1,2}|([0-9a-fA-F]{1,4}:){1,4}(:[0-9a-fA-F]{1,4}){1,3}|([0-9a-fA-F]{1,4}:){1,3}(:[0-9a-fA-F]{1,4}){1,4}|([0-9a-fA-F]{1,4}:){1,2}(:[0-9a-fA-F]{1,4}){1,5}|[0-9a-fA-F]{1,4}:((:[0-9a-fA-F]{1,4}){1,6})|:((:[0-9a-fA-F]{1,4}){1,7}|:)|fe80:(:[0-9a-fA-F]{0,4}){0,4}%[0-9a-zA-Z]{1,}|::(ffff(:0{1,4}){0,1}:){0,1}((25[0-5]|(2[0-4]|1{0,1}[0-9]){0,1}[0-9]).){3,3}(25[0-5]|(2[0-4]|1{0,1}[0-9]){0,1}[0-9])|([0-9a-fA-F]{1,4}:){1,4}:((25[0-5]|(2[0-4]|1{0,1}[0-9]){0,1}[0-9]).){3,3}(25[0-5]|(2[0-4]|1{0,1}[0-9]){0,1}[0-9]))`

Aquesta expressió regular comprovarà una cadena per veure si se segueix la sintaxi d'adreces IPv6.

6. Separador de Milers

`/d{1,3}(?=(d{3})+(?!d))/g`

Els sistemes de numeració tradicionals requereixen una coma, un punt, o algun altre símbol en cada tres dígits. Aquest codi regex funciona amb qualsevol nombre i aplicarà qualsevol marca que escullis per cada tres dígits separant entre milers, milions, etc..

7. Anteposar HTTP a enllaç

```
if (!s.match(/^[a-zA-Z]+:\/\//))
{
    s = 'http://' + s;
}
```

Independentment del llenguatge en què treballis (JavaScript, Ruby o PHP), aquesta expressió regular pot resultar molt útil. Comprovarà qualsevol cadena URL per veure si té un prefix HTTP / HTTPS, i si no, el anteposa a conseqüència.

8. Obtenir nom de domini

```
/https?://(?:[-w]+.)?([-w]+).w+(?:.w+)?/?.*/i
```

Un domini pot contenir el protocol inicial (HTTP o HTTPS) a part d'un subdomini, més la ruta addicional de la pàgina. Pots utilitzar aquest fragment per eliminar tot això i quedar-te només amb el nom del domini sense les altres floritures

9. Ordenar paraules clau per nombre de paraules.

^[^s]*$	coincideix exactament amb la paraula clau d'1 paraula.
^[^s]*s[^s]*$	coincideix exactament paraula clau de 2 paraules.
^[^s]*s[^s]*	coincideix amb les paraules clau d'almenys 2 paraules (2 i més).
^([^s]*s){2}[^s]*$	coincideix exactament paraula clau de 3 paraules.
^([^s]*s){4}[^s]*$	coincideix amb les paraules clau de 5 paraules i més (cua llarga).

Els usuaris de Google Analytics i Webmaster Tools van a gaudir amb aquesta expressió regular. Pots ordenar i organitzar les paraules clau, basant-te en el nombre de paraules que s'utilitzen en una recerca. Això pot ser numèricament específic (és a dir, només 5 paraules) o pot coincidir amb una sèrie de paraules (és a dir, 2 o més paraules). Quan s'utilitza per ordenar les dades d'anàlisi, es converteix en una poderosa expressió regular.

10. Trobar una cadena Base64 en PHP

```
?php[ t]eval(base64_decode('((([A-Za-z0-9+/]{4})*([A-Za-z0-9+/]{3}=|[A-Za-z0-9+/]{2}==)?){1}'));
```

Si ets desenvolupador de PHP, en algun moment pot ser que hagis de parsejar el codi a la recerca d'objectes binaris codificats en Base64. Aquest fragment es pot aplicar a tot el codi PHP i comprova que no hi hagi cadenes Base64.

11. Treure espais

```
^[ s]+|[ s]+$
```

Un mètode molt útil de formatar els inputs per guardar en base de dades, fer consultes o inserir-los dins d'un document.

12. Extreure ruta de la imatge

```
< *[img][^>]*[src] *= *["']{0,1}([^"' >]*)
```

Si per alguna raó necessites extreure el src d'una imatge directament des HTML, aquest fragment de codi és la solució perfecta.

13. Validar data en format dd/mm/YYYY

```
^(?:(?:31(/|-|.)(?:0?[13578]|1[02]))1|(?:(?:29|30)(/|-|.)(?:0?[1,3-9]|1[0-2])2))(?:(?:1[6-9]|[2-9]d)?d{2})$|^(?:29(/|-|.)0?23(?:(?:(?:1[6-9]|[2-9]d)?(?:0[48]|[2468][048]|[13579][26])|(?:(?:16|[2468][048]|[3579][26])00))))$|^(?:0?[1-9]|1d|2[0-8])(/|-|.)(?:(?:0?[1-9])|(?:1[0-2]))4(?:(?:1[6-9]|[2-9]d)?d{2})$
```

Les dates són dades difícils, ja que poden aparèixer com a text + nombres, o simplement com a nombres amb diferents formats. PHP té una funció de data fantàstica, però no sempre és la millor opció. Considera utilitzar aquesta expressió regular desenvolupada per aquesta sintaxi de data específica.

14. Extreure ID de vídeo de YouTube

```
/http://(?:youtu.be/|(?:[a-z]{2,3}.)?youtube.com/watch(?:?|#!)v=)([w-]{11}).*/gi
```

YouTube ha mantingut la mateixa estructura d'URL durant anys perquè simplement funciona. És també el lloc més popular per compartir vídeos a la web, de manera que els vídeos de YouTube tendeixen a conduir més trànsit. Si necessita extreure l'ID d'un vídeo de YouTube des d'una URL, aquest codi regex és perfecte i hauria de funcionar perfectament per a totes les variants d'estructures URL de YouTube.

15. Validar ISBN

```
/b(?:ISBN(?:: ?| ))?((?:97[89])?d{9}[dx])b/i
```

Els llibres segueixen un sistema numèric conegut com ISBN. A través d'aquest regex pots validar si un input d'un usuari és vàlid com ISBN o no.

16. Comprovar Codi Postal

```
^d{5}(?:[-s]d{4})?$
```

Doncs crec que no hi ha res més que explicar. Aquesta expressió regular comprova si una cadena pot ser considerada com un codi postal de USA.

17. Validar nom d'usuari de Twitter

```
/@([A-Za-z0-9_]{1,15})/
```

Imaginem que sol·licitem a través d'un formulari a un usuari que ens introdueix el teu nom d'usuari a Twitter. Si volem comprovar la dada donat és correcte com a nom d'usuari a Twitter, podem utilitzar aquesta expressió regular.

18. Trobar atributs CSS

```
^s*[a-zA-Z-]+s*[:]{1}s[a-zA-Z0-9s.#]+[;]{1}
```

És estrany executar expressions regulars sobre CSS, però tampoc és una situació molt estranya. Aquest fragment de codi es pot utilitzar per extreure totes les propietats i valors CSS de selectors individuals. Es pot utilitzar per a un sens fi raons, possiblement per veure fragments de CSS o eliminar propietats duplicades, per exemple.

19. Comprovar targeta de crèdit

```
^(?:4[0-9]{12}(?:[0-9]{3})?|5[1-5][0-9]{14}|6(?:011|5[0-9][0-9])[0-9]{12}
|3[47][0-9]{13}|3(?:0[0-5]|[68][0-9])[09]{11}|(?:2131|1800 |35d{3})d{11})$
```

La validació d'un número de targeta de crèdit, sovint requereix d'una plataforma segura allotjada en altres servidors. Però les expressions regulars també es poden utilitzar per validar els requisits mínims d'un nombre típic de targeta de crèdit.

20. Url de perfil de Facebook

```
/(?:http://)?(?:www.)?facebook.com/(?:(?:w)*#!/)?(?:pages/)?(?:[w-]*/)*([w-]*)/
```

Facebook és molt popular i ha passat per molts esquemes d'URL diferents. Aquest fragment comprova si un URL d'usuari donada és correcta o no, en el moment actual que estem, és clar ...

21. Comprovar la versió d'Internet Explorer

```
^.*MSIE [5-8](?:.[0-9]+)?(?!.*Trident/[5-9].0).*$
```

Aquest regex pot utilitzar-se en estigui habilitat per a comprovar quina versió d'Internet Explorer (5-11) està sent utilitzat.

22. Extreure preu

Els preus vénen en una varietat de formats que poden contenir decimals, comes i símbols de moneda. Aquesta expressió regular pot comprovar tots aquests diferents formats per treure el preu de qualsevol cadena.

```
/($[0-9,]+(.[0-9]{2})?)/
```

23. Parsejar capçaleres de correu electrònic

Amb aquesta sola línia de codi pots analitzar a través d'una capçalera de correu electrònic al camp "a:" de la informació de la capçalera.

```
/b[A-Z0-9._%+-]+@(?:[A-Z0-9-]+.)+[A-Z]{2,6}b/i
```

24. Trobar una extensió específica

Quan treballes amb diferents formats d'arxiu com .xml, .html i .js, pots comprovar els arxius tant a nivell local com els enviats pels usuaris. Aquest fragment extreu l'extensió d'un arxiu per comprovar si és vàlida a partir d'una sèrie d'extensions vàlides que pots canviar segons sigui necessari.

```
/^(.*.(?!(htm|html|class|js)$))?[^.]*$/i
```

25. Afegir rel = "nofollow" a enllaços

```
(<as*(?!.*brel=)[^>]*)(href="https?://)((?!(?:(?:www.)?'.implode('|(?:www.)?'
, $follow_list).'))[^"]+)"((?!.*brel=)[^>]*)(?:[^>]*)>
```

Aquest regex pot comprovar tots els enllaços d'un bloc d'HTML i afegir l'atribut rel = "nofollow" a cada element.

24. *Comença, contínua i acaba en números, útil per filtrar els famosos ids.*

```
numeros = /^[0-9]+$/;
```

25. *Analitzar que només s'escriuen lletres, però això no inclou els accents, així que si introdueixes á no és correcte.*

```
letras = /^[a-zA-Z]+$/;
```

26. *Comprovar que l'escrit són caràcters llatins (accents), espais i guions baixos. L'espai s'indica amb \ s.*

```
letras_latinas = /^[0-9a-zA-ZáéíóúàèìòùÀÈÌÒÙÁÉÍÓÚñÑüÜ_\s]+$/;
```

Analitzar l'escriptura de camps de correu emails, vàlids poden ser: miemail@gmail.com, mi.email@gmail.es, ...

```
email = /^[a-zA-Z0-9\._-]+@[a-zA-Z0-9-]{2,}[.][a-zA-Z]{2,4}$/;
```

27. *Analitzar un passwords que han de contenir tant números com lletres*

```
password = /^([a-z]+[0-9]+)|([0-9]+[a-z]+)/i;
//Validar password
passwordRegex = /^[a-z0-9_-]{6,18}$/;
```

28. *Escriptura correcta d'una URL*

```
url = /^(ht|f)tps?:\/\/\w+([\.\-\w]+)?\.([a-z]{2,6})?([\.\-\w\/_]+)$/i;
//Buscar una url
urlRegex = /^(https?:\/\/)?([\da-z\.-]+)\.([a-z\.]{2,6})([\/\w \.-]*)*\/?$/;
```

29. *Escriptura correcta per localhost, amb protocol http*

```
localhost = /^http:\/\/(localhost|127\.0\.0\.1)/;
```

30. *Cerca nom de domini (amb HTTP)*

```
domainRegex = /(.*?)[^w{3}\.]([a-zA-Z0-9([a-zA-Z0-9\-]{0,65}[a-zA-Z0-9])?\.)
+[a-zA-Z]{2,6}/igm;
```

31. *Cerca nom de domini (només amb www.)*

```
domainRegex = /[^w{3}\.]([a-zA-Z0-9([a-zA-Z0-9\-]{0,65}[a-zA-Z0-9])?\.)+[a-
zA-Z]{2,6}/igm;
```

32. *Cerca nom de domini alternatiu*

```
domainRegex = /(.*?)\.(com|net|org|info|coop|int|com\.au|co\.uk|
org\.uk|ac\.uk|)/igm;
```

33. *Cercar subdominis: www, dev, int, stage, int.travel, stage.travel*

```
subDomainRegex = /(http:\/\/|https:\/\/)?(www\.|dev\.)?(int\.|stage\.)
?(travel\.)?(.*)+?/igm;
```

34. *Analitzar què és correcte el codi postal*

```
codigo_postal = /^([1-9]{2}|[0-9][1-9]|[1-9][0-9])[0-9]{3}$/;
```

35. *Analizar si es correcto el Documento NIF*

```
NIF = /^\d{8}[a-zA-Z]{1}$/;
```

36. *Analitzar si és correcte el Document CIF*

```
CIF = /^[a-zA-Z]{1}\d{7}[a-zA-Z0-9]{1}$/;
```

37. *Analitzar si és correcte el document NIE*

```
NIE = /^[XxTtYyZz]{1}[0-9]{7}[a-zA-Z]{1}$/;
```

38. *Comprovar que és correcta la Targetes de crèdit VISA.*

```
VISA = /^4[0-9]{3}-?[0-9]{4}-?[0-9]{4}-?[0-9]{4}$/;
```

39. **Comprovar que és correcte el número de la Targetes de crèdit MASTERCARD**

```
MASTERCARD = /^5[1-5][0-9]{2}-?[0-9]{4}-?[0-9]{4}-?[0-9]{4}$/;
```

40. *Comprovar que el format i data és correcta ex: 13/06/2018*

```
fecha = /^([0-9]{2}\/[0-9]{2}\/[0-9]{4})$/;
```

Cercar Data (e.g. 21/3/2006)

```
dateRegex = /(\d{1,2}\/\d{1,2}\/\d{4})/gm;
```

Buscar fecha en formato MM/DD/YYYY

```
dateMMDDYYYYRegex = /^(0[1-9]|1[012])[- \/.](0[1-9]|[12][0-9]|3[01])[-
\/.](19|20)\d\d$/;
```

Cercar data en format DD/MM/YYYY

```
dateDDMMYYYYRegex = /^(0[1-9]|[12][0-9]|3[01])[- \/.](0[1-9]|1[012])[-
\/.](19|20)\d\d$/;
```

41. *Comprova que els nombre són enters i decimals*

```
floatRegex = /[-+]?([0-9]*\.[0-9]+|[0-9]+)/;
```

42. *Comprova un nombre entre 1 i 50*

```
number1to50Regex = /(^[1-9]{1}$|^[1-4]{1}[0-9]{1}$|^50$)/gm;
```

43. *Validar nom*

```
usernameRegex = /^[a-z0-9_-]{3,16}$/;
```

Validar números de telèfon

```
phoneNumber = /^[0-9-()+]{3,20}/;
```

44. *Comprovar els formats dels fitxers que s'han seleccionats*

Cercar jpg, gif o png imatge

```
imageRegex = /([^\s]+(?=\.(jpg|gif|png))\.\2)/gm;
```

Cercar totes les imatges

```
imgTagsRegex = /<img.+?src=\"(.*?)\".+?>/ig;
```

Cercar imatges només amb format .png

```
imgPNG = /<img.+?src=\"(.*?.png)\".+?>/ig;
```

Cercar cadena RGB (color)

```
rgbRegex = /^rgb\((\d+),\s*(\d+),\s*(\d+)\)$/;
```

Cercar cadena hex (color)

```
hexRegex = /^#?([a-f0-9]{6}|[a-f0-9]{3})$/;
```

Cercar tags html (v1)

```
htmlTagRegex = /^<([a-z]+)([^<]+)*(?:>(.*)<\/\1>|\s+\/>)$/;
```

Cercar tots els .js inclosos

```
jsTagsRegex = /<script.+?src=\"(.+?\.js(?:\?v=\d)*).+?script>/ig;
```

Cercar tots els .css inclosos

```
cssTagsRegex = /<link.+?href=\"(.+?\.css(?:\?v=\d)*).+?>/ig;
```

ACTIVITATS D'AMPLIACIÓ

1. Analitzar les següents expressions regulars.
   a. var miExpReg = /as?.a/
   b. var re = /ab+c/
   c. var re = new RegExp("ab+c")
   d. /([.*+?^${}()|\[\]\/\\])/g
   e. /\w+\s/g
   f. ([B-D]|[F-H]|[J-N]|[P-T]|[V-Z])
   g. /\S+@\S+\.\S+/
   h. (^[0-9\s\+\-])+$/
   i. /^(.+\@.+\..+)$/
   j. /[a-z0-9!#$%&'*+/=?^_`{|}~-]+(?:\.[a-z0-9!#$%&'*+/=?^_`{|}~-]+)*@(?:[a-z0-9](?:[a-z0-9-]*[az0-9])?\.)+[a-z0-9](?:[a-z0-9-]*[a-z0-9])?/

2. Crear un document web amb dos formularis.

Un tindrà la informació d'alta per registrar-se en una empresa de recerca de viatges. El segon formulari tindrà les dades de registre de dades bancàries. El motiu de disposar de dos formularis és a causa del processament de la informació al servidor. La pàgina del servidor, alta. Php s'encarregarà de guardar les dades de l'alta d'un nou usuari mentre que la pàgina pasarelaPago.php emmagatzemarà informació de pagament associada a l'usuari.

Pràctica 1: Gestió d'esdeveniments segons la tecla polsada.

Pràctica 2: Gestió d'esdeveniments premuts onkeyup, onkeydown, onkeypress.

Pràctica 3: Gestió esdeveniments onchage i onblur.

Pràctica 4: Gestió esdeveniments onchage, onblur i onsubmit <testarea>

Pràctica 5: Gestió esdeveniments onchage, onblur i onsubmit.

Exercicis de reforç

```
onkeydown
                          onkeypress
                          onkeyup
              u           onkeydown
              u           onkeydown
              u           onkeypress
              u           onkeyup
              uN          onkeyup
              uN          onkeydown
              uN          onkeypress
              uN          onkeyup
              uNa         onchange
              uNa
```

Pràctica 1: Gestió d'esdeveniments segons la tecla polsada
Events relacionats amb el ratolí

Tecla polsada	Descripció
onClick	Fer clic sobre un element.
onDblclick	Fer doble clic sobre un element.
onMousedown	Es prem un botó del ratolí sobre un element.
onMouseenter	El punter del ratolí entra en l'àrea d'un element.
onMouseleave	El punter del ratolí surt de l'àrea d'un element.
onMousemove	El punter del ratolí s'està movent sobre l'àrea d'un element.
onMouseover	El punter del ratolí se situa sobre de l'àrea d'un element.
onMouseout	El punter del ratolí surt fora de l'àrea de l'element o fora d'un dels seus fills.
onMouseup	Un botó del ratolí s'allibera estant sobre un element.
contextMenu	Es prem el botó dret del ratolí (abans que aparegui el menú de context).
onWheel	L'usuari ha mogut la roda del ratolí

```html
<!DOCTYPE html>
<html lang="ca">
<head>
    <script>
        // function Visualitza(event)
        function  Visualitza(nombreEvento){
        //   variable text Escrit
            var  mevaMissatge=document.ventana.textoVisual.value;
            // inicialitzar la variable tecla polsada
            var letra="";
            // la meva Missatge
            mevaMissatge = mevaMissatge + nombreEvento;
            // mostrar el missatge en una àrea de text
            letra=document.ventana.textoEscrito.value;
            document.ventana.textoVisual.value=mevaMissatge +letra;
        }
</script>
</head>
<body>
    <p> En fer clic sobre l'enllaç veure un missatge</p>
    <form name="ventana">
        <textarea rows="15" cols="40" name="textoEscrito"
            onchange="Visualitza('onchange \n');"
            onkeydown="Visualitza('onkeydown \n');"
            onkeypress="Visualitza('onkeypress \n');"
            onkeyup="Visualitza('onkeyup \n');">
        </textarea>
        <textarea  rows="20" cols="40"  name="textoVisual"> </textarea>
        <input  type="button"  value="Netejar la finestra d'Esdeveniments"
            name="buton1"  onclick="window.document.ventana.textoVisual.value=''"/>
    </form>
</body>
</html>
```

RESULTAT:

En fer clic sobre l'enllaç veure un missatge

```
Bon di|                          onkeydown
                                 onkeydown
                                 onkeypress
                                 onkeyup
                                 Bonkeyup
                                 Bonkeydown
                                 Bonkeypress
                                 Bonkeyup
                                 Boonkeydown
                                 Boonkeypress
                                 Boonkeyup
                                 Bononkeydown
                                 Bononkeypress
                                 Bononkeyup
                                 Bon onkeydown
                                 Bon onkeypress
                                 Bon onkeyup
                                 Bon donkeydown
                                 Bon donkeypress
                                 Bon donkeyup
```
Netejar la finestra d'Esdeveniments

Pràctica 2: Gestió d'esdeveniments premuts onkeyup, onkeydown, onkeypress.

Esdeveniments relacionats amb el teclat

Tecla polsada	Descripció
onChange	Es produeix quan el valor d'un element s'ha canviat.
onKeydown	El usuario tiene pulsada una tecla (para elementos de formulario y body).
onKeypress	L'usuari prem una tecla (moment just en què la prem) (per a elements de formulari i body).
onKeyup	L'usuari allibera una tecla que tenia polsada (per a elements de formulari i body).

```
<!DOCTYPE html>
<html lang="ca">
<head>
        <style type="text/css">
           body{font-family:arial, helvetica;}
           #info {width:560px;border:thin  solid silver; padding:.5em;position:fixed;}
           #info h1{margen:0;}
        </style>
        <script>
           // Carregar una funció tipus esdeveniment en la seqüència d'arrencada.
           window.onload = function(){
                     document.onkeyup = muestrainformacio;
                     document.onkeydown= muestrainformacio;
                     document.onkeypress= muestrainformacio;
           }

           function muestrainformacio(elevent){
           //No es pot usar event es pot confondre amb el propi esdeveniment posem evento
                     var   evento = window.event ||  elevent; //  si passes paràmetre
                     var  missatge="Tipus d' event :" + evento.type+"<br/>"+
                              "Propietat KeyCode:" +evento.keyCode +"<br/>"+
                              "Propietat CharCode:"+evento.charCode +"<br/>"+
                              "Caràcter pulsado:"+String.fromCharCode(evento.charCode);
                     info.innerHTML+=" <br> ---------------- <br>"+missatge;
           }
        </script>

</head>
    <body>
       <div  id="info"> Sortida</div>
       <br/><br/> <br/><br/><br/><br/><br/>
       <br/><br/><br/><br/><br/><br/><br/><br/><br/><br/>
       <br/><br/><br/><br/><br/><br/><br/><br/><br/><br/><br/>
    </body>
</html>
```

RESULTAT:

```
Sortida
----------------
Tipus d' event :keyup
Propietat KeyCode:116
Propietat CharCode:0
Caràcter pulsado:
----------------
Tipus d' event :keydown
Propietat KeyCode:71
Propietat CharCode:0
Caràcter pulsado:
----------------
Tipus d' event :keypress
Propietat KeyCode:103
Propietat CharCode:103
Caràcter pulsado:g
----------------
Tipus d' event :keyup
Propietat KeyCode:71
Propietat CharCode:0
Caràcter pulsado:
```

Pràctica 3: Gestió dels eveniments onchage i onblur

```html
<!DOCTYPE html>
<html lang="ca">
<head>
    <meta charset="utf-8">
    <meta http-equiv="Content-Type" content="text/html; charset=iso-8859-1" />
    <title>  Exemple dels Esdeveniments onchage i onblur</title>
<script>
function txtNombreOnchange(){
       // Visualitzar en la línia d'estat un missatge
       window.status="Hola "+document.formu1.txtnombre.value;
       console.log=document.formu1.txtnombre.value;
}

function txtEdaOnblur(){
       var txtMiedad=document.formu1.textEdad;
          if (isNaN(txtMiedad.value) == true){
          //No hi ha valor introduccido no és vàlid
                  alert("Inseriu una edat Valida");
                     txtEdad.focus();    //  fixar el focus per tornar a demanar l'edat
                     txtEdad.select();   //  seleccionar el camp text que té el focus..
          }
}
function botonChekFormOnclick(){
       //  Creem un objecte amb el formulari
       var   miformu= document.formu1;
       // Analitzar si els camps estan buits
       if  (miformu.txtEdad.value=="" || miformu.txtnombre.value==""){
            alert(" PER FAVOR, Complet el formulari);
            // fixem el focus en el primer camp
            if(miformu.txtnombre.value==""){
                miformu.txtnombre.focus();
            } else{
                    miformu.txtEdad.focus();
            }
       } else{
            alert("Gràcies per contactar amb nosaltres \n"+ miformu.txtnombre.value);
       }
       }
</script>
</head>
<body>
<form name="formu1">
       Si us plau introdueixi la següent informació
       <br/>
       Nom :
       <br/>
        <!-- Deseleccionamos l'element que s'ha canviat  -->
       <input type="text"  name="txtnombre" onchange="txtNombreOnchange()">
       <br/>
       Edat :
       <br/>
       <!-- Deseleccionamos l'element  -->
            <input type="text" name="txtEdad" onblur="txtEdaOnblur()" size="3"
            maxlength="3">
       <br/>
       <input type="button" value="Verificar" name="botonCheckFormu1"
                onclick="botonChekFormOnclick()">
</form>
</body>
</html>
```

RESULTAT:

Si us plau introdueixi la següent informació
Nom :
baldomero
Edat :
23
Verificar

Pràctica 4: Gestió dels eveniments onchage, onblur i onsubmit <testarea>

```html
<!DOCTYPE html>
<html lang="ca">
<head>
        <meta charset="UTF-8">
        <meta http-equiv="Content-Type" content="text/html; charset=iso-8859-1" />
        <title> Limitar nom de Caràcters en textarea </title>
        <style type="text/css">
                body {font-family: arial, helvetica;}
        </style>
<script>
function limitat(elEvento, maxCaracters) {
        // cadena escrita. id = "text" textarea
        var elemento = document.getElementById("texto");
        // Obtenir la tecla polsada
        var evento = elEvento || window.event;
        var codigoCaracter = evento.charCode || evento.keyCode;
        //   Permetre utilitzar les tecles amb fletxa horitzontal
        if(codigoCaracter == 37 || codigoCaracter == 39) {
                return true;
        }
        //   Permetre esborrar amb la tecla Backspace i amb la tecla Supr.
        if(codigoCaracter == 8 || codigoCaracter == 46) {
                return true;
        }
        // bloquejar l'escriptura si s'ha arribat 100 caràcters, bloqueja l'esdeveniment
         else if(elemento.value.length >= maxCaracters ) {
                return false;
        }else {
                return true;
        }
}

function actualitzaInfo(maxCaracters) {
        var elemento = document.getElementById("texto"); //atribut id=texto
        var info = document.getElementById("info");   // llegir l'identificador info
        // element passat en textarea valor i la seva longitud> = 100
        if(elemento.value.length >= maxCaracters ) {
                info.innerHTML = "Máximo "+maxCaracters+" caracteres";
                //   Missatge d'error <div id> valor inicial i error
        }else {
                //   Es visualitza el nombre de caràcters que falten
                info.innerHTML = " Pots escriure fins "+(maxCaracters-elemento.value.length)+"
                caracteres adicionales";
        }
}
</script>
</head>
<body>
        <div id="info"> Màxim 100 caràcters </div>
        <textarea id="texto" onkeypress="return limitat(event, 100);"
        onkeyup="actualitzaInfo(100)" rows="6" cols="30"></textarea>
</body>
</html>
```

RESULTAT:

Si us plau introdueixi la següent informació
Nom :

| Baldomero |

Obligatori Edat:

| 38| |

| Verificar | Enviament de Dades |

| Netejar Camps |

| Enviament Formulari sense validar |

| Autocompletado Paraules |

Pràctica 5: Gestió dels eveniments onchage, onblur i onsubmit

```html
<!DOCTYPE html>
<html lang="ca">
<head>
        <meta charset="UTF-8">
        <meta http-equiv="Content-Type" content="text/html; charset=iso-8859-1" />
        <title> Limitar nom de Caràcters en textarea </title>
        <style type="text/css">
                body {font-family: arial, helvetica;}
        </style>

<script>
function limitat(elEvento, maxCaracters) {
        // cadena escrita. id = "text" textarea
        var elemento = document.getElementById("texto");
        // Obtenir la tecla polsada
        var evento = elEvento || window.event;
        var codigoCaracter = evento.charCode || evento.keyCode;
        //   Permetre utilitzar les tecles amb fletxa horitzontal
        if(codigoCaracter == 37 || codigoCaracter == 39) {
             return true;
        }

        //   Permetre esborrar amb la tecla Backspace i amb la tecla Supr.
        if(codigoCaracter == 8 || codigoCaracter == 46) {
             return true;
        }
         // bloquejar l'escriptura si s'ha arribat 100 caràcters, bloqueja l'esdeveniment
         else if(elemento.value.length >= maxCaracters ) {
             return false;
        }else {
             return true;
        }
}

function actualitzaInfo(maxCaracters) {
        var elemento = document.getElementById("texto"); //atribut id=texto
        var info = document.getElementById("info");    //   llegir l'identificador info
        // element passat en textarea valor i la seva longitud> = 100
        if(elemento.value.length >= maxCaracters ) {
             info.innerHTML = "Máximo "+maxCaracters+" caracteres";
             //   Missatge d'error <div id> valor inicial i error
        }else {
             //    Es visualitza el nombre de caràcters que falten
             info.innerHTML = " Pots escriure fins "+(maxCaracters-elemento.value.length)+"
             caracteres adicionales";
        }
}
</script>
</head>
<body>

<div id="info"> Màxim 100 caràcters </div>
        <textarea id="texto" onkeypress="return limitat(event, 100);"
        onkeyup="actualitzaInfo(100)" rows="6" cols="30"></textarea>
</body>
</html>
```

RESULTAT:

Màxim 100 caràcters

Pots escriure fins 1 caracteres adicionales

```
Es visualitza el nombre de
caràcters que falten
element passat en textarea
valor i la seva longitud
```

TECNOLOGIES:

Bookmarklet

Es tracta d ' "un marcador que, en lloc d'apuntar a una adreça URL, fa referència a una petita porció de codi Javascript per a executar certes tasques automàticament". Es pot explicar en principi es comporta com un dels nostres Favorits (de fet, la idea és tenir-los a la barra de favorits del navegador) però és més que això: són petites aplicacions que ens permeten aprofitar determinades funcions i eines d'una pàgina web .Actualmente se encuentran presentes en todas las páginas Web significativas.

Amb bookmarklet pots afegir qualsevol cosa que et trobis en qualsevol botiga en línia al teu wishlist d'Amazon. Només has de fer clic al bookmarklet a la barra de favorits mentre estàs a la pàgina del producte en concret, i omplir un senzill formulari.

Les funcions més rellevants que ens permeten habilitar els bookmarklets [Wikipedia]:

- Modificar **l'aspecte d'una pàgina web** al nostre navegador.
- **Extreure contingut** d'una web: enllaços, imatges, text ...
- **Compartir una pàgina** en xarxes socials, escurçadors d'enllaços, etc
- Realitzar una **recerca** en qualsevol cercador o motor de cerca.
- **Envia una pàgina** a un servei web, com a traductors, etc..
- Veure **opcions ocultes** d'una pàgina web.

Hi ha bookmarklets de tota mena, per a tots els gustos i necessitats. Exemples de bookmarklets són:

- Ús universal "**Universal Wishlist**" d'Amazon.
- Per *compartir coses a Facebook* (http: //www.facebook.com/share_options)
- Per escurçar adreces web amb *bit.ly* (https://bitly.com/pages/tools), amb tinyurl.com (https://tinyurl.com) o amb *tr.im* (http://tr.im/ websites / extres)
- Per crear versions per *imprimir de qualsevol web*. (Https://css-tricks.github.io/The-Printliminator/)
- Per compartir coses a *Tumblr* (https://www.tumblr.com/apps) o en Posterous (https://posterous.com)
- Per *convertir una pàgina web en un document PDF*(https://pdfmyurl.com).
- Per posar el fons fosc i les lletres clares en les webs http://lab.arc90.com/experiments/readability/es/
- Per *Posar el fons fosc i les lletres clares* en les webs es pot destruir tota una pàgina web com si fora el joc (http://erkie.github.com)

El bookmarklets de Quix, és un bookmarklet totalmentpersonalitzable i expandible amb el qual pots fer un munt de coses diferents gràcies a una sèrie de combinacions de teclat.

Com crear un bookmarklet

És simplement un link, que en lloc de saltar a una adreça, s'usa una funció de JavaScript :, o estructures més complexes de forma seqüencial.

```
<a href="javascript:alert('Sóc un bookmarklet') "> Aquest és l'enllaç </a>
```

Si afegim esdeveniments:

```
<a href="javascript:onclick=alert('Arrossega aquest enllaç a la barra de marcadors
del navegador');return false;"> Prem sobre aquest missatge </a>
```

Crear Bookmarklets per seleccionar text i realitzar una acció

Seleccionar text en una pàgina i després realitzar una acció determinada, és possible utilitzant la funció getSelection() (només a Firefox i Chrome).

Es declara una variable: **nombreVariable = función**

EXEMPLE 1: Seleccionar text i mostra el resultat en un avís, concatenant el valor de la variable valorVariable.

```
<a href="javascript:valorVariable=document.getSelection();
alert('Atenció: '+valorVariable)"> Veure el valor de la variable en fer clic </a>
```

EXEMPLE 2: Visualitzar un missatge a l'obertura d'una nova pàgina amb document.write, es sobre escriu el contingut de la página.

```
<a href="javascript:valorVariable=window.getSelection();
document.write(''+valorVariable)">Veure l'obertura de la nova finestra sobreescrita
</a>
```

EXEMPLE 3: Obre una nova pestanya al navegador amb el resultat, la variable "varValorB" representa una nova pestanya del navegador que s'ha d'obrir.

```
<a href="javascript:varValorA=window.getSelection();
varValorB=window.open('http://www.google.com/search?q=' +
escape(varValorA));location.varValorB;">Seleccionar</a>
```

EXEMPLE 4: Es realitza una nova selecció emprant el codi diferent per seleccionar el text i obre a la mateixa pestanya de manera que funciona en tots els navegadors.

```
<a href="javascript:salida=''+(window.getSelection?window.getSelection()
:document.getSelection
?document.getSelection():document.selection.createRange().text);
if(salida!=null)location='http://www.google.com/search?salida='+escape(salida)">Reali
zar la busqueda al hacer CLIC</a>
```

Altres bookmarklets aconsellables

Un exemple de tot el que permeten els bookmarklets és *Greasemonkey*, un gestor de scripts per alterar el funcionament i aspecte de qualsevol lloc web.

- **Bookmarklets:** és un dels primers portals dedicats a recopilar fragments de codi JavaScript per a millorar el navegador web. Segons diu la seva pròpia pàgina inicial, compta amb més de 150.
- **Quix:** amb aquest bookmarklet podràs realitzar tot tipus de tasques, com fer cerques a Google, Flickr, IMDB, Netflix o Amazon, compartir una pàgina a Twitter o YouTube, etc.
- **Marklets:** és un altre portal a tenir en compte, amb cercador integrat i una selecció dels bookmarklets més populars.
- **7is7 Bookmarklets:** Aquí trobaràs alguns bookmarklets per obtenir informació de llocs web, consultar la seva rellevància a Google, validar si un lloc web compleix els estàndards W3C, etc.

Específics:

- **Click em:** compte caràcters, paraules i línies del text que seleccions.
- **PrintWhatYouLike:** editor per imprimir el que realment t'interessa d'una pàgina.
- **Wordless Web:** elimina tot el text d'una pàgina.
- **Colour Bookmark:** t'indica tots els colors i tonalitats que fa servir una pàgina.
- **WhatFont:** situa el punter en qualsevol text i et diu el tipus de lletra que fa servir, si punxes et dóna més característiques com mides i codi de color.
- **Xray:** punxa en qualsevol element i et donarà totes les seves característiques.
- **SpriteMe:** et mostra possibles sprites d'una web i et permet veure'ls en una nova finestra per guardar-(ull, es mostren a dalt a la dreta de la pàgina).
- **Favelet Suite:** llistes amb informació de codis.
- **Font dragr:** agafa la tipografia que vulguis del teu PC, arrossega-a aquest bookmarklet i triï quin fragment de text de la web modificar, per veure com es visualitzaria.
- **Bitmark:** et dóna el codi bit.ly d'aquesta URL.
- **Resize:** et mostra com es veu una web en diferents dispositius.

Para darle alegria

- *3D iT !:* per veure webs en 3D movent el punter.
- **Print Friendly:** imprimeix només l'àrea d'interès i amb clics elimines elements.
- **Kick ass:** una mena de 'Asteorids'. Fes servir els cursors per moure't i la barra d'espai per eliminar elements d'una pàgina.

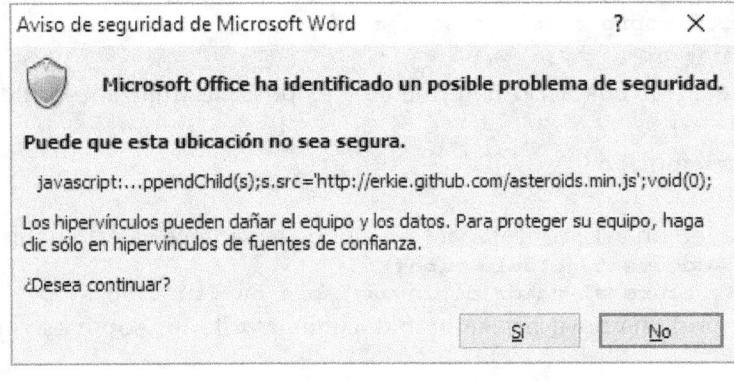

> **NOTA:** Al Windows 10 l'accés a moltes d'aquestes pàgines, es troben limitades pel propi sistemes de seguretat i l'antivirus

ANNEX I: ALGORISMES D'ORDENACIÓ

QUICKSORT

```
function quicksort(primer,ultim){
    // definim variables índexs
    i = primer
    j = ultim

    //  S'extreu el pivot de la meitat de l'array
    pivote = arreglo[parseInt((i+j)/2)];

    //  Es repeteix fins que i segueixi sent menor que j
    do{

        //  mentre array [i] sigui menor a pivot
        while(arreglo[i]<pivote)
            i++;
            //   mentre j sigui major a pivot
            while(arreglo[j]>pivote)
                j--;

        // si i és menor o igual a j, els valors ja es van creuar
        if(i<=j){
            //   variable temporal auxiliar per guardar valor d'arranjament [j]
            aux=arreglo[j];

            //   intercanviem els valors d'arranjament [j] i arranjament [i]
            arreglo[j] = arreglo[i]
            arreglo[i] = aux

            //   incrementem i decrementamos j
            i++;
            j--;
        }

    }while(i<j);
        // si primer és menor a j anomenem la funció novament
        if(primer<j){
            quicksort(primer,j);
        }
        // si ultim és més gran que i anomenem la funció novament
        if(ultim>i){
            quicksort(i,ultim);
        }
}


// acord a ordenar
arreglo=[10,9,19,8,1,12,14,24,34,54,5,4,2,99,2,3,1,0];

// anomenem la funció manant 0 en el primer paràmetre
// i manant la longitud de l'arranjament -1
quicksort(0,(arreglo.length-1));

// imprimim per veure el resultat
alert(arreglo)
```

Annex II: Codis ISO 639-1 de l'idioma

ISO 639-1 defineix abreviatures per als idiomes.

En HTML i XHTML que puguin ser utilitzats en el lang i xml: lang atributs.

Llenguatge	ISO Code
Abkhazian	ab
Afar	aa
Afrikaans	af
Akan	ak
Albanian	sq
Amharic	am
Arabic	ar
Aragonese	an
Armenian	hy
Assamese	as
Avaric	av
Avestan	ae
Aymara	ay
Azerbaijani	az
Bambara	bm
Bashkir	ba
Basque	eu
Belarusian	be
Bengali (Bangla)	bn
Bihari	bh
Bislama	bi
Bosnian	bs
Breton	br
Bulgarian	bg
Burmese	my
Catalan	ca
Chamorro	ch
Chechen	ce
Chichewa, Chewa, Nyanja	ny
Chinese	zh
Chinese (Simplified)	zh-Hans
Chinese (Traditional)	zh-Hant
Chuvash	cv
Cornish	kw
Corsican	co
Cree	cr
Croatian	hr
Czech	cs
Danish	da
Divehi, Dhivehi, Maldivian	dv
Dutch	nl
Dzongkha	dz
English	en
Esperanto	eo
Estonian	et
Ewe	ee
Faroese	fo
Fijian	fj
Finnish	fi
French	fr
Fula, Fulah, Pulaar, Pular	ff
Galician	gl
Gaelic (Scottish)	gd
Gaelic (Manx)	gv
Georgian	ka
German	de
Greek	el
Greenlandic	kl

Llenguatge	ISO Code
Guarani	gn
Gujarati	gu
Haitian Creole	ht
Hausa	ha
Hebrew	he
Herero	hz
Hindi	hi
Hiri Motu	ho
Hungarian	hu
Icelandic	is
Ido	io
Igbo	ig
Indonesian	id, in
Interlingua	ia
Interlingue	ie
Inuktitut	iu
Inupiak	ik
Irish	ga
Italian	it
Japanese	ja
Javanese	jv
Kalaallisut, Greenlandic	kl
Kannada	kn
Kanuri	kr
Kashmiri	ks
Kazakh	kk
Khmer	km
Kikuyu	ki
Kinyarwanda (Rwanda)	rw
Kirundi	rn
Kyrgyz	ky
Komi	kv
Kongo	kg
Korean	ko
Kurdish	ku
Kwanyama	kj
Lao	lo
Latin	la
Latvian (Lettish)	lv
Limburgish (Limburger)	li
Lingala	ln
Lithuanian	lt
Luga-Katanga	lu
Luganda, Ganda	lg
Luxembourgish	lb
Manx	gv
Macedonian	mk
Malagasy	mg
Malay	ms
Malayalam	ml
Maltese	mt
Maori	mi
Marathi	mr
Marshallese	mh
Moldavian	mo
Mongolian	mn
Nauru	na
Navajo	nv
Ndonga	ng

Llenguatge	ISO Code
Northern Ndebele	nd
Nepali	ne
Norwegian	no
Norwegian bokmål	nb
Norwegian nynorsk	nn
Nuosu	ii
Occitan	oc
Ojibwe	oj
Old Church Slavonic, Old Bulgarian	cu
Oriya	or
Oromo (Afaan Oromo)	om
Ossetian	os
Pāli	pi
Pashto, Pushto	ps
Persian (Farsi)	fa
Polish	pl
Portuguese	pt
Punjabi (Eastern)	pa
Quechua	qu
Romansh	rm
Romanian	ro
Russian	ru
Sami	se
Samoan	sm
Sango	sg
Sanskrit	sa
Serbian	sr
Serbo-Croatian	sh
Sesotho	st
Setswana	tn
Shona	sn
Sichuan Yi	ii
Sindhi	sd
Sinhalese	si
Siswati	ss
Slovak	sk
Slovenian	sl
Somali	so

Llenguatge	ISO Code
Southern Ndebele	nr
Spanish	es
Sundanese	su
Swahili (Kiswahili)	sw
Swati	ss
Swedish	sv
Tagalog	tl
Tahitian	ty
Tajik	tg
Tamil	ta
Tatar	tt
Telugu	te
Thai	th
Tibetan	bo
Tigrinya	ti
Tonga	to
Tsonga	ts
Turkish	tr
Turkmen	tk
Twi	tw
Uyghur	ug
Ukrainian	uk
Urdu	ur
Uzbek	uz
Venda	ve
Vietnamese	vi
Volapük	vo
Wallon	wa
Welsh	cy
Wolof	wo
Western Frisian	fy
Xhosa	xh
Yiddish	yi, ji
Yoruba	yo
Zhuang, Chuang	za
Zulu	zu

ANNEX III: Descripció dels eveniments

Taula 1. Taula amb estructura pròpia de aprenderaprogramar.com més altres coneixement

Tipus d'eveniments	Nom amb prefix on (eliminar quan escaigui)	Descripció
UIEvent (Relacionats amb el ratolí)	**onclick**	Cliqueu sobre un element
	ondblclick	Doble clic sobre un element
	onmousedown	Es prem un botó del ratolí sobre un element
	onmouseenter	El punter del ratolí entra en l'àrea d'un element
	onmouseleave	El punter del ratolí surt de l'àrea d'un element
	onmousemove	El punter del ratolí s'està movent sobre l'àrea d'un element
	onmouseover	El punter del ratolí se situa sobre de l'àrea d'un element
	onmouseout	El punter del ratolí surt fora de l'àrea de l'element o fora d'un dels seus fills
	onmouseup	Un botó del ratolí s'allibera estant sobre un element
	contextmenu	Es prem el botó dret del ratolí (abans que aparegui el menú de context)
Relacionats amb el teclat	**onkeydown**	L'usuari té premuda una tecla (per a elements de formulari i body)
	onkeypress	L'usuari prem una tecla (moment just en què la prem) (per a elements de formulari i body)
	onkeyup	L'usuari allibera una tecla que tenia polsada (per a elements de formulari i body)
Relacionats amb formularis	**onfocus**	Un element del formulari pren el focus
	onblur	Un element del formulari perd el focus
	onchange	Un element del formulari canvia
	onselect	L'usuari selecciona el text d'un element input o textarea
	onsubmit	Es prem el botó d'enviament del formulari (abans de l'enviament)
	onreset	Es prem el botó reset del formulari
Relacionats amb finestres o frames UIEvent	**onload**	S'ha completat la càrrega de la finestra
	onunload	L'usuari ha tancat la finestra
	onresize	L'usuari ha canviat la mida de la finestra
	onScroll	L'usuari ha fet scroll sobre la pàgina (HTML)
Esdeveniments sobre la càrrega d'un recurs UIEvent	onLoad, onUnload, onAbort, onError, onSelect	
Relacionats amb animacions i transicions	animationend, animationiteration, animationstart, beginEvent, endEvent, repeatEvent, transitionend	
Relacionats amb la bateria i càrrega de la bateria	chargingchange, chargingtimechange, dischargingtimechange, levelchange	
Relacionats amb trucades tipus telefonia	alerting, busy, callschanged, connected, connecting, dialing, disconnected, disconnecting, error, held, holding, incoming, resuming, statechange	
Relacionats amb canvis en el DOM	DOMAttrModified, DOMCharacterDataModified, DOMContentLoaded, DOMElementNameChanged, DOMNodeInserted, DOMNodeInsertedIntoDocument, DOMNodeRemoved, DOMNodeRemovedFromDocument, DOMSubtreeModified	
Relacionats amb arrossegament d'elements (drag and drop)	drag, dragend, dragenter, dragleave, dragover, dragstart, drop	
Relacionats amb vídeo i àudio	audioprocess, canplay, canplaythrough, durationchange, emptied, ended, ended, loadeddata, loadedmetadata, pause, play, playing, ratechange, seeked, seeking, stalled, suspend, timeupdate, volumechange, waiting, complete	
Relacionats amb la connexió a internet	disabled, enabled, offline, online, statuschange, connectionInfoUpdate	
Altres tipus de eventos	Hi ha més tipus d'esdeveniments: relacionats amb la pulsació sobre pantalles, ús de copy and paste (copiar i enganxar), impressió amb impressores, etc.	

Referències Biblioweb

Organismes.
https://www.w3.org/TR/html5/

Propietats i Mètodes matemàtics.
https://developer.mozilla.org/en-US/docs/Web/JavaScript/Reference/Global_Objects/Math

Algorismes d'ordenació
http://www.etnassoft.com/2017/03/24/algoritmos-de-ordenacion-en-javascript-revision-es6/
http://www.enrique7mc.com/2016/10/algoritmos-de-ordenamiento-guia-rapida/

Calcular DNI
http://www.calculardni.es/

Generador de targetes de crèdits
http://generatarjetasdecredito.com

Bookmarklets.
https://norfipc.com/inf/javascript-como-crear-bookmarklets-usar-navegador-web.html

Expresione Regulars
https://www.regular-expressions.info/javascriptexample.html

Projectes i Desenvolupaments.
https://programacionymas.com/blog/modulos-javascript-commonjs-amd-ecmascript

Explicacions de depuració

https://raygun.com/javascript-debugging-tips

Altres URL per analitzar
http://unjavascriptpordia.blogspot.com/2016/01/cambiar-aleatoriamente-el-background-de.html
https://es.wikibooks.org/wiki/Programaci%C3%B3n_en_JavaScript/Operadores_en_JavaScript

Esdeveniments

https://www.aprenderaprogramar.com/index.php?option=com_content&view=article&id=842:lista-de-eventos-javascript-on-click-dblclick-mouseover-mouseout-change-submit-keypress-cu01159e&catid=78&Itemid=206

https://lenguajehtml.com/p/html/scripting/eventos-html